燃煤发电机组主要设备热工保护

设计图册

华北电力科学研究院有限责任公司　组编

中国电力出版社
CHINA ELECTRIC POWER PRESS

内 容 提 要

燃煤火力发电是热力系统最复杂、蒸汽参数最高的常规能源，在我国也是分布最广泛、占比最高的电源，对支撑电网整体安全稳定运行起着决定性的作用，所以需要设计完善的保护系统来保障机组主要设备的运行安全。为此国家颁布了《火力发电厂热工保护系统设计技术规定》和《防止电力生产事故的二十五项重点要求》等一系列规定、标准、规程来规范火电机组设计、施工、调试等各个环节工作。目前国内发电机组保护拒动、误动的情况仍时有发生，严重危及了人员、设备和电网运行的安全，造成严重的经济损失。为了规范技术人员对发电机组保护系统的设计方法，迫切需要一套体系完整的保护设计图册，辅助相关"规定、标准、规程"，为保护逻辑设计工作提供参考。

本书是总结华北电力科学研究院多年燃煤发电机组调试技术经验的结晶，主要内容以燃煤发电机组主辅设备热工保护标准化设计为核心，涵盖了锅炉、汽轮机以及其他必要的辅助设备，全书侧重于热工逻辑设计在工作中的实用性。

本书适用于燃煤发电机组调试技术人员、分散控制系统控制逻辑维护人员，以及热工专业研究人员学习使用。

图书在版编目（CIP）数据

燃煤发电机组主要设备热工保护设计图册/华北电力科学研究院有限责任公司组编 .—北京：中国电力出版社，2021.5
ISBN 978-7-5198-5368-6

Ⅰ.①燃…　Ⅱ.①华…　Ⅲ.①火力发电—发电机组—设备—热工设计—图册　Ⅳ.①TM621.3-62

中国版本图书馆 CIP 数据核字（2021）第 069927 号

出版发行：中国电力出版社	印　　刷：三河市百盛印装有限公司
地　　址：北京市东城区北京站西街 19 号	版　　次：2021 年 5 月第一版
邮政编码：100005	印　　次：2021 年 5 月北京第一次印刷
网　　址：http：//www.cepp.sgcc.com.cn	开　　本：880 毫米×1230 毫米　横 16 开本
责任编辑：刘丽平（010-63412342）　马雪倩	印　　张：14.5
责任校对：黄　蓓　朱丽芳	字　　数：354 千字
装帧设计：张俊霞	印　　数：0001—1500 册
责任印制：石　雷	定　　价：60.00 元

燃煤发电机组主要设备热工保护设计图册

编　写　组

主　　编　　高爱国

参编人员　　尚　勇　　骆　意　　尤　默　　司派友

杨振勇　　温志强　　陈振山　　刘　磊

胡耀宇　　张朝阳　　张红侠　　陈森森

陈晓峰　　米子德　　张　添　　张　晔

赖联琨　　秦天牧　　张瑾哲　　程　亮

康静秋　　高明帅　　左　川　　邢智炜

前　言

　　近年来，我国电源结构逐渐转变，风电、光伏发电等可再生能源发展迅速，但是燃煤发电机组仍然是我国电源结构中的重要组成部分。随着"上大压小"政策的持续推进，大容量燃煤发电机组数量不断攀升，其运行情况将对电力系统的安全稳定产生重大影响。

　　燃煤发电机组可以根据炉型、容量、燃烧方式以及循环方式等分为多种类型。各类型燃煤发电机组的运行参数、辅机配置以及安全边界并不相同，机组保护逻辑的结构也存在着差异。全面梳理不同类型燃煤发电机组相关保护逻辑结构，总结保护设计原则，有助于消除保护逻辑缺陷，提高机组运行安全性，对规范热工保护逻辑设计，提高机组保护逻辑可靠性具有重要意义。为此，华北电力科学研究院组织编写了《燃煤发电机组主要设备热工保护设计图册》一书。

　　《燃煤发电机组主要设备热工保护设计图册》适用于多种类型燃煤发电机组的热工保护系统设计，对核电机组、燃气－蒸汽联合循环机组、生物质发电机组、太阳能热发电机组等的热工保护系统设计也具有借鉴和指导意义。

　　由于编者水平有限，书中难免有不妥或疏漏之处，恳请广大读者批评指正。

编者

2020 年 12 月

目 录

1 概述

1.1 设计范围

本书针对燃煤火力发电机组锅炉、汽轮机及重要辅机的热工保护系统，提供了典型逻辑设计方案。

设计方案适用于单机容量为300MW及以上的各类新建、扩建、改建的燃煤火力发电机组，主要包含了汽轮机、汽动给水泵、电动给水泵、凝结水泵、主机循环水泵、真空泵、开式循环冷却水泵、闭式循环冷却水泵、锅炉、磨煤机、给煤机、送风机、引风机、一次风机等设备的热工保护设计方案，和保护首出判断方案。单机容量为300MW以下的燃煤火力发电机组热工保护设计可参照使用。

1.2 设计依据

下列文件中的条款对本书是必不可少的，凡是注日期的引用文件，仅注日期的版本适用于本文件。凡是不注日期的引用文件，其最新版本（包括所有的修改单）适用于本文件。

DL/T 435—2018 电站锅炉炉膛防爆规程

DL/T 655—2017 火力发电厂锅炉炉膛安全监控系统验收测试规程

DL/T 656—2016 火力发电厂汽轮机控制及保护系统验收测试规程

DL/T 701—2012 火力发电厂热工自动化术语

DL/T 1091—2018 火力发电厂锅炉炉膛安全监控系统技术规程

DL/T 5428—2009 火力发电厂热工保护系统设计技术规定

国能安全〔2014〕161号 防止电力生产事故的二十五项重点要求

2 常用术语及图符说明

2.1 常用术语

2.1.1 电厂标识系统（KKS）

一种根据功能、型号和安装位置来明确标识发电厂中的系统、设备、组件和建构筑物的编码体系，解决信息分类与编码是实现电厂数字化的基础。

2.1.2 辅机故障减负荷（run back，RB）

当发生部分主要辅机故障跳闸，使机组最大出力低于给定负荷时，CCS将机组负荷快速降低到实际所能达到的相应出力，并能控制机组在允许参数范围内继续运行称为辅机故障减负荷。RB试验通过真实的辅机跳闸来检验机组在故障下的运行能力和CCS的控制性能，RB功能的实现保障了机组在高度自动化运行方式下的安全性。

2.1.3 汽轮机监视仪表（turbine supervisory instrument，TSI）

连续测量汽轮机的转速、振动、膨胀、位移等机械参数，并将测量结果送入控制系统、保护系统等用于控制变量及运行人员监视的自动化系统。

2.1.4 开关量测点三取二、二取二、二取一判断

2.1.4.1　开关量测点三取二

反映同一事件的三个开关量组成的逻辑，其中任意两个量为"真"时逻辑输出为"真"。

2.1.4.2　开关量测点二取二

反映同一事件的两个开关量组成的逻辑，只有当两个量都为"真"时逻辑输出为"真"。

2.1.4.3　开关量测点二取一

反映同一事件的两个开关量组成的逻辑，其中任意一个量为"真"时逻辑输出为"真"。

2.1.5 高Ⅰ值、高Ⅱ值、高Ⅲ值，低Ⅰ值、低Ⅱ值、低Ⅲ值

高Ⅰ值、高Ⅱ值、高Ⅲ值和低Ⅰ值、低Ⅱ值、低Ⅲ值为报警值；高Ⅱ值、高Ⅲ值和低Ⅱ值、低Ⅲ值为保护动作值，见表2.1-1。

表 2.1-1　　　　　　　　　　　　　　　　　报警和保护动作信号对应关系

响应类型	高Ⅰ值、低Ⅰ值	高Ⅱ值、低Ⅱ值	高Ⅲ值、低Ⅲ值
报警	√	√	√
保护动作		√	√

2.2　图符说明

2.2.1　输入端图例

如图 2.2-1 所示，输入端图例分为 1～5 个区域，每个区域分别代表不同属性，说明如表 2.2-1 所示。

2.2.2　输出端图例

如图 2.2-2 所示，输出端图例分为 1～5 个区域，每个区域分别代表不同属性，说明如表 2.2-1 所示。

图 2.2-1　输入端图例　　　　　　　　　　　　　　　　图 2.2-2　输出端图例

表 2.2-1　　　　　　　　　　　　　　　　　输入/输出端图例说明

区域	选项	说明
1	A	模拟量
	D	开关量
2	I	输入
	O	输出
3	L	硬接线点
	M	中间点

区域		选项	说明
4	示例	A-IDF-BO03	系统或设备编码-端口编号
		A-IDF	引风机 A
		BO03	开关量输出第 3 通道
5	示例	1号一次风机润滑油泵均停	信号名称的中文描述

2.2.3　连接线图例

如图 2.2-3 所示，连接线输入端为实心点，输出端为实箭头，连接开关量运算模块的信号线用虚线表示，连接模拟量运算模块的信号线用实线表示。硬导线用短划线表示。

开关量 ●- - - - - - - - - - - →

模拟量 ●————————→

硬导线 ●— — — — — — →

图 2.2-3　连接线图例

2.2.4　运算功能块图例

如表 2.2-2 所示，逻辑运算功能块包括"与""或""非""异或""延时上升""延时下降""脉冲""三取二""二取二""置位优先触发器""复位优先触发器""计数器"等开关量信号运算功能块和"大于""小于""大于并延时上升""小于并延时上升""加法""减法"等模拟量信号运算功能块。

表 2.2-2　运算功能块图例说明

名称	与	或	非	异或	大于	小于
图形符号	And	Or	Not	Xor	>／χ	<／χ

— 4 —

名称	延时上升	延时下降	脉冲	三取二	复位优先触发器
图形符号	Ton / τ	Toff / τ	Tp / τ	2 / 3	S / R

名称	二取二	大于并延时上升	小于并延时上升	加法	减法	除法	计数器
图形符号	2/2	> Ton / χ τ	< Ton / χ τ	Add	Sub	D/N	Tms/R

2.2.5 系统或设备名称说明

系统或设备名称说明见表 2.2-3。

表 2.2-3　　系统或设备名称说明

缩写	英文名称	中文描述
ETS	emergency trip system	（汽轮机）紧急跳闸系统
SDFWPS	steam driven feed water pump set	汽动给水泵组
EFP	electric feed pump	（锅炉）电动给水泵
CP	condensate pump	凝结水泵
WCP	water circulating pump	（主机）循环水泵
VP	vacuum pump	真空泵
CCCWP	closed circulating cooling water pump	闭式循环冷却水泵
OCCWP	open circulating cooling water pump	开式循环冷却水泵
MFT	master fuel trip	（锅炉）主燃料跳闸
OFT	oil fuel trip	油燃料跳闸

缩写	英文名称	中文描述
A-CMILL	A-coal mill	磨煤机 A
A-CFD	A-coal feeder	给煤机 A
A-FDF	A-force draft fan	送风机 A
A-IDF	A-induced draft fan	引风机 A
A-PAF	A-primary air fan	一次风机 A
BTG	boiler turbine generator	锅炉-汽轮机-发电机（大联锁）
FTO	first time out	首出判断

3 绘图原则

3.1 基于常见设备类型

由于发电机组每种类型设备都具有多种规格和型号，本书是基于目前国内主流发电机组设备配置情况，同一类型设备参照多个厂家设备说明，结合基建调试经验绘制而成的。

3.2 基于保护可靠性原则

因为采集系统或设备同一类型参数的测点数量，依设计和产品类型不同而不同，所以当仅有一个测点时，只能设计为"单点保护"判断逻辑；当有两个测点时，设计为"二取二"判断逻辑，当有三个测点时，通常设计为"三取二"判断逻辑。基于防止保护拒动和误动的原则，本书推荐采用"三取二"判断逻辑，次之采用"二取二"判断逻辑，是否设计"单点保护"判断逻辑可根据各发电企业要求执行。

3.3 关于模拟量"三取二"判断逻辑设计原则

查阅多个发电集团版本"二十五项反措"文件，关于"模拟量三取二"判断逻辑要求基本一致，以汽包水位超限保护为例，具体要求如下。

锅炉汽包水位高、低保护应采用独立测量的"三取二"逻辑判断方式。当有一个测点因某种原因须退出运行时，应自动转为"二取一"逻辑判断方式；当有两个测点因某种原因须退出运行时，应自动转为"一取一"逻辑判断方式；当自动转换逻辑采用品质判断等作为依据时，要进行详细试验确认，不可简单地采用超量程等手段作为品质判断。

为实现同一类型控制逻辑统一标准化，本书推荐所有关于模拟量测点进行"三取二"逻辑判断的实现方法参照以上"汽包水位超限"的设计方式。

4 常规保护设计图

4.1 常规汽轮机跳闸保护

4.1.1 润滑油压力低Ⅱ值保护

润滑油压力低Ⅱ值保护逻辑图如图 4.1-1 所示。

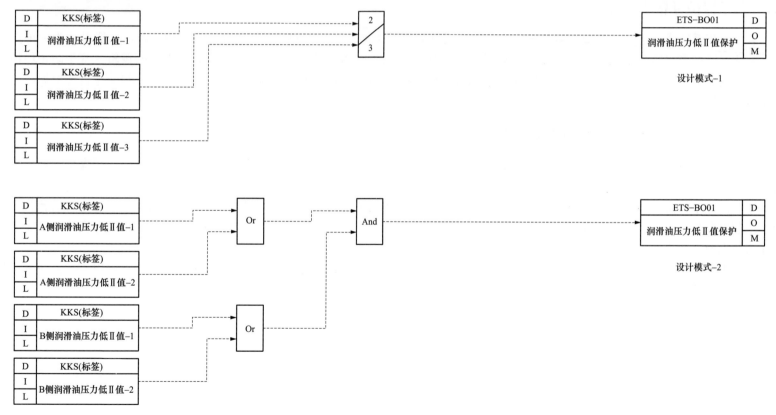

图 4.1-1 润滑油压力低Ⅱ值保护逻辑图

4.1.2 抗燃油压力低Ⅱ值保护

抗燃油压力低Ⅱ值保护逻辑图如图 4.1-2 所示。

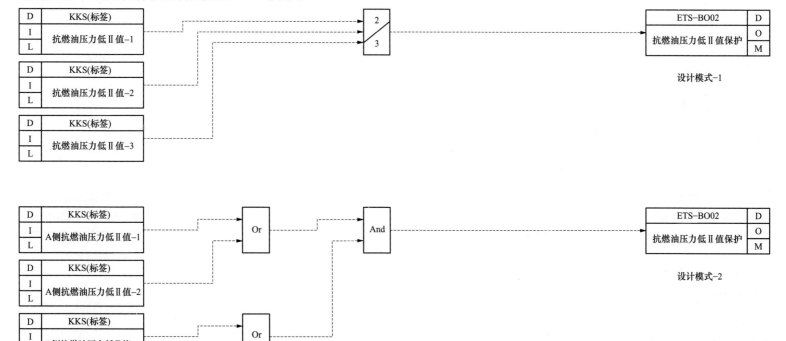

图 4.1-2 抗燃油压力低Ⅱ值保护逻辑图

4.1.3 凝汽器真空低Ⅱ值保护

凝汽器真空低Ⅱ值保护逻辑图如图 4.1-3 所示。

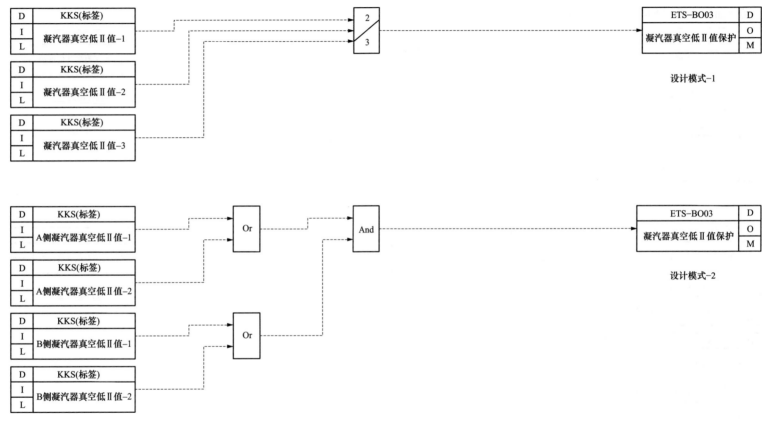

图 4.1-3 凝汽器真空低 II 值保护逻辑图

4.1.4 轴向位移高 II 值保护

轴向位移高 II 值保护逻辑图如图 4.1-4 所示。

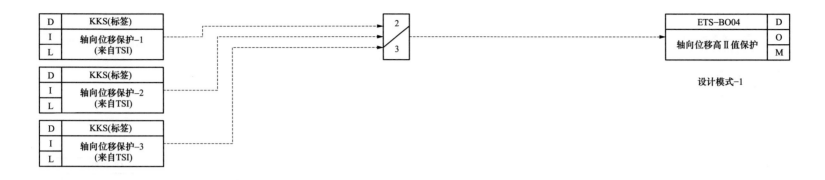

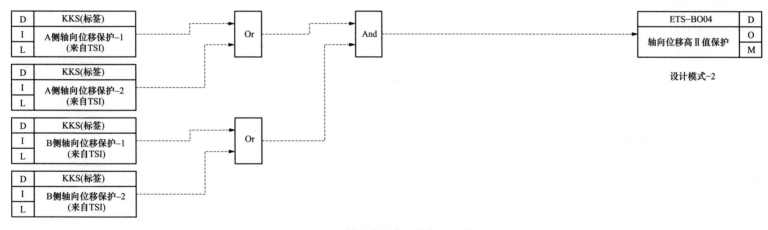

图 4.1-4　轴向位移高Ⅱ值保护逻辑图

4.1.5　高压缸胀差高Ⅱ值保护

高压缸胀差高Ⅱ值保护逻辑图如图 4.1-5 所示。

4.1.6　中压缸胀差高Ⅱ值保护

中压缸胀差高Ⅱ值保护逻辑图如图 4.1-6 所示。

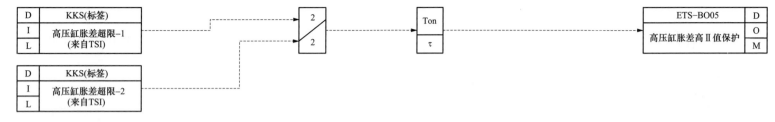

图 4.1-5　高压缸胀差高Ⅱ值保护逻辑图

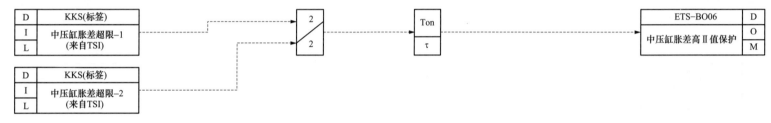

图 4.1-6　中压缸胀差高Ⅱ值保护逻辑图

4.1.7　低压缸胀差高Ⅱ值保护

低压缸胀差高Ⅱ值保护逻辑图如图 4.1-7 所示。

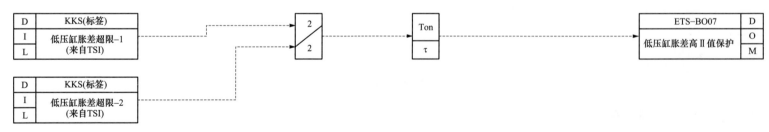

图 4.1-7　低压缸胀差高Ⅱ值保护逻辑图

4.1.8　汽轮机轴振高Ⅱ值保护

汽轮机轴振高Ⅱ值保护逻辑图如图 4.1-8 所示。

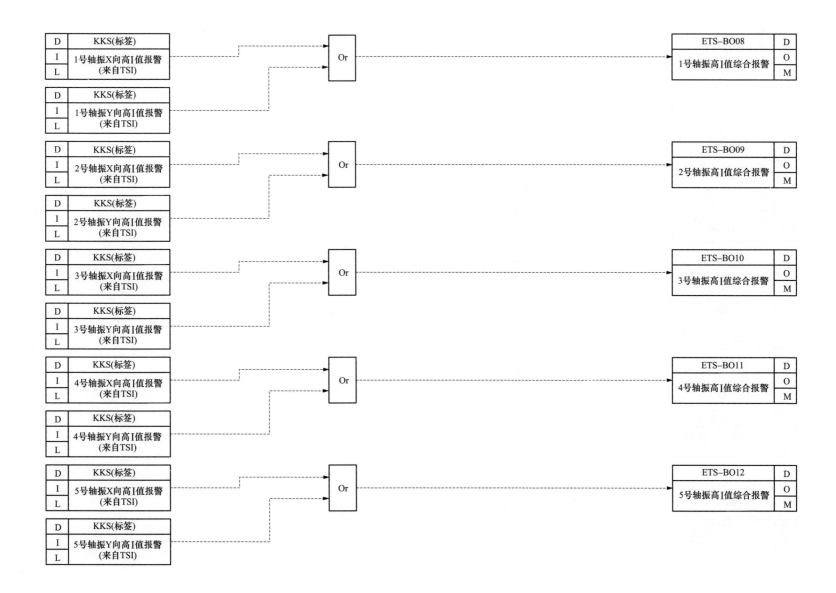

D	KKS(标签)
I	1号轴振X向高I值报警
L	(来自TSI)

D	KKS(标签)
I	1号轴振Y向高I值报警
L	(来自TSI)

D	KKS(标签)
I	2号轴振X向高I值报警
L	(来自TSI)

D	KKS(标签)
I	2号轴振Y向高I值报警
L	(来自TSI)

D	KKS(标签)
I	3号轴振X向高I值报警
L	(来自TSI)

D	KKS(标签)
I	3号轴振Y向高I值报警
L	(来自TSI)

D	KKS(标签)
I	4号轴振X向高I值报警
L	(来自TSI)

D	KKS(标签)
I	4号轴振Y向高I值报警
L	(来自TSI)

D	KKS(标签)
I	5号轴振X向高I值报警
L	(来自TSI)

D	KKS(标签)
I	5号轴振Y向高I值报警
L	(来自TSI)

Or

ETS-BO08	D
1号轴振高I值综合报警	O
	M

ETS-BO09	D
2号轴振高I值综合报警	O
	M

ETS-BO10	D
3号轴振高I值综合报警	O
	M

ETS-BO11	D
4号轴振高I值综合报警	O
	M

ETS-BO12	D
5号轴振高I值综合报警	O
	M

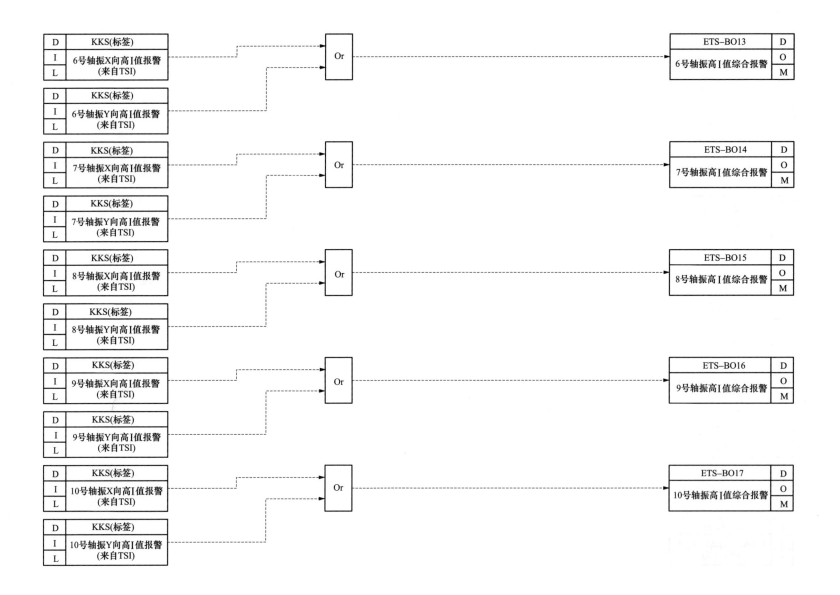

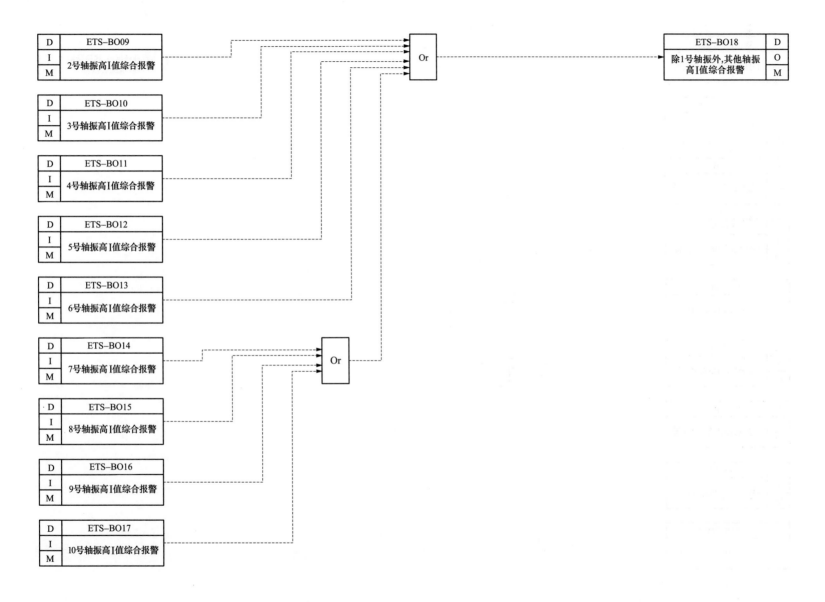

D	ETS-BO09
I	
M	2号轴振高I值综合报警

D	ETS-BO10
I	
M	3号轴振高I值综合报警

D	ETS-BO11
I	
M	4号轴振高I值综合报警

D	ETS-BO12
I	
M	5号轴振高I值综合报警

D	ETS-BO13
I	
M	6号轴振高I值综合报警

D	ETS-BO14
I	
M	7号轴振高I值综合报警

·D	ETS-BO15
I	
M	8号轴振高I值综合报警

D	ETS-BO16
I	
M	9号轴振高I值综合报警

D	ETS-BO17
I	
M	10号轴振高I值综合报警

Or

Or

ETS-BO18	D
	O
除1号轴振外,其他轴振高I值综合报警	M

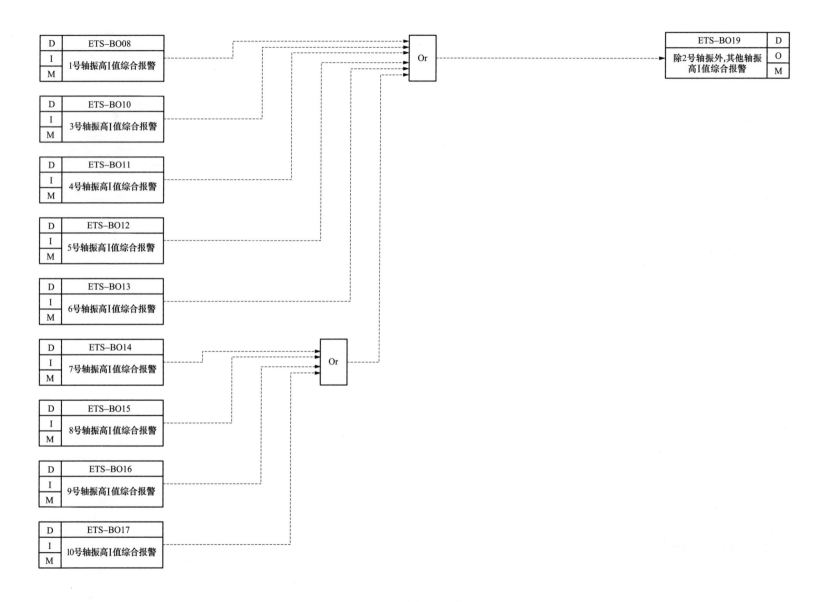

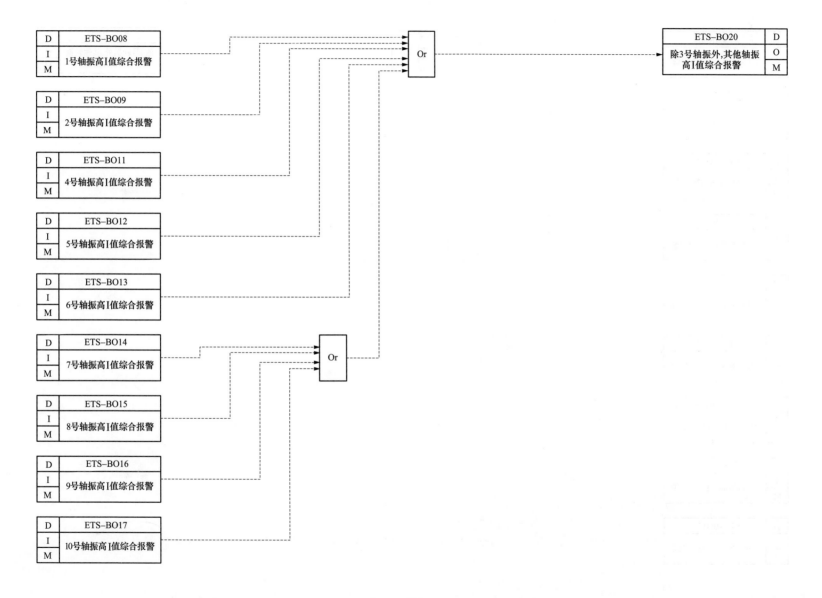

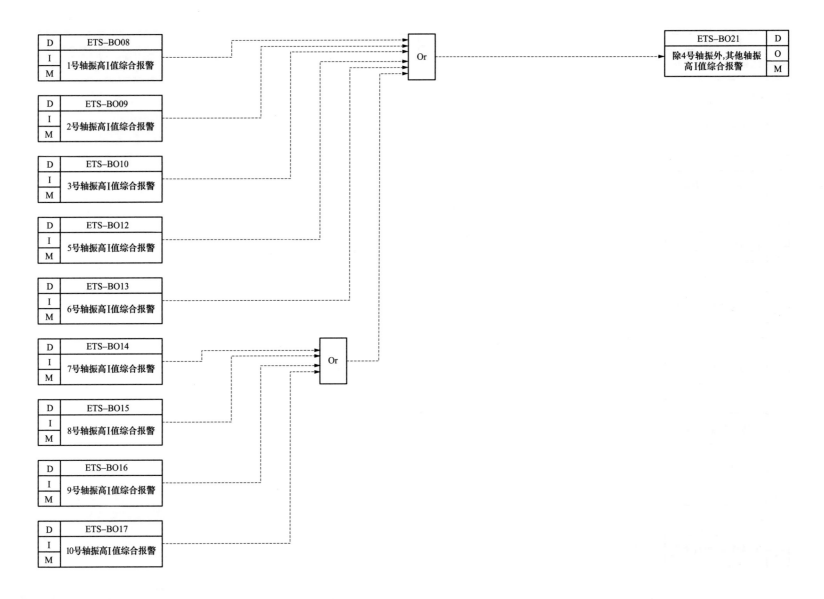

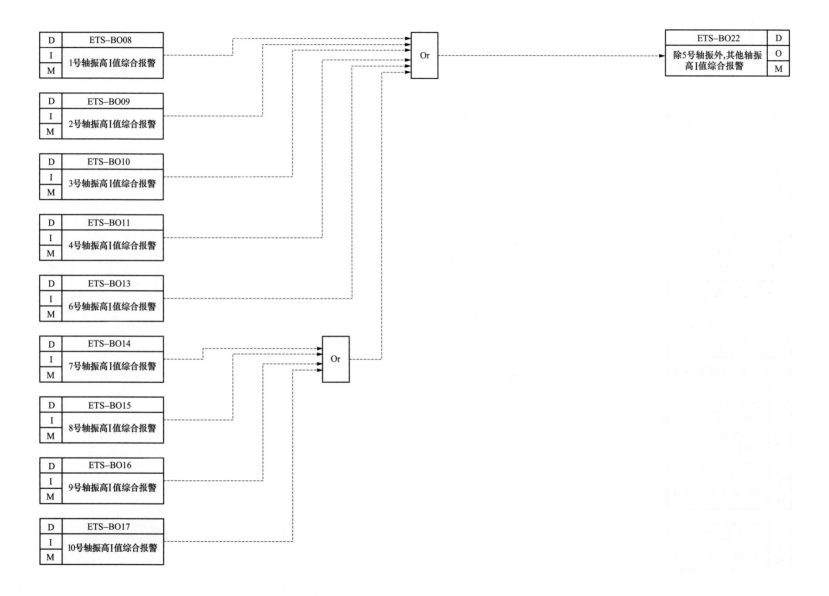

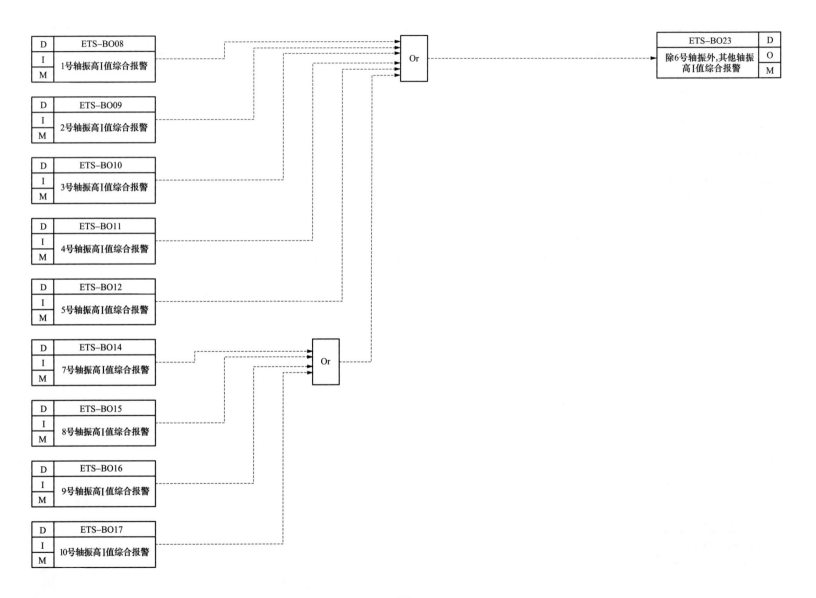

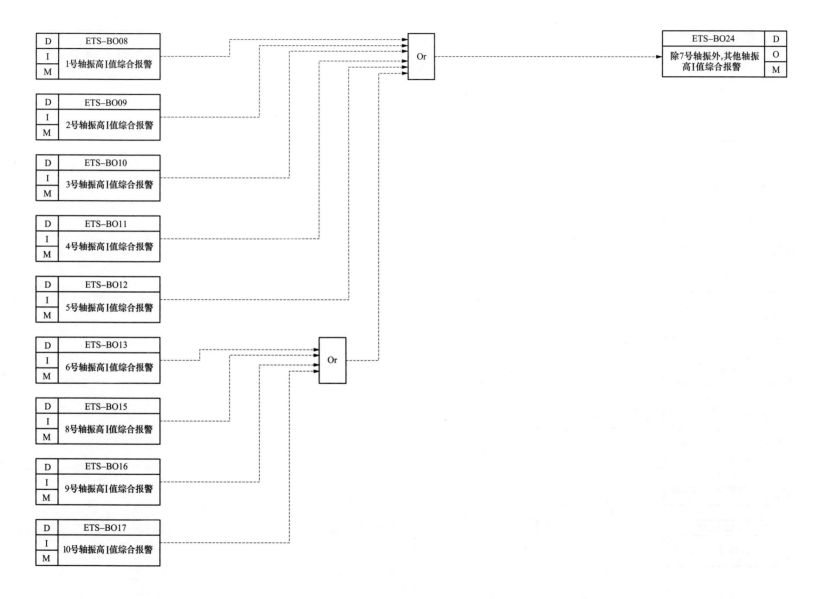

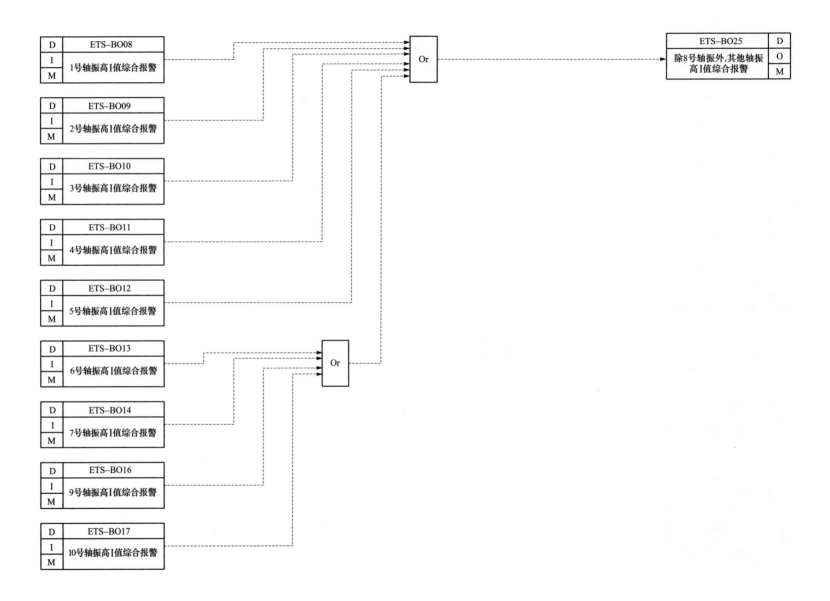

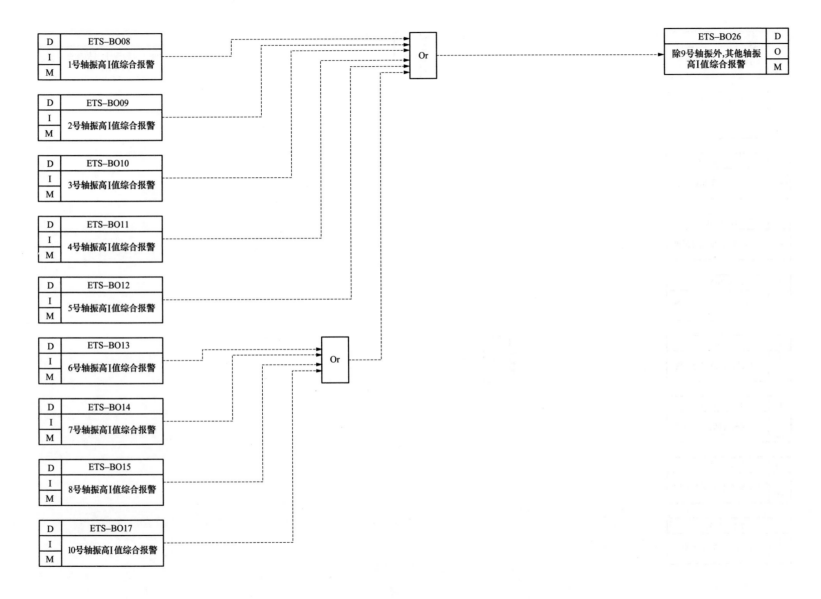

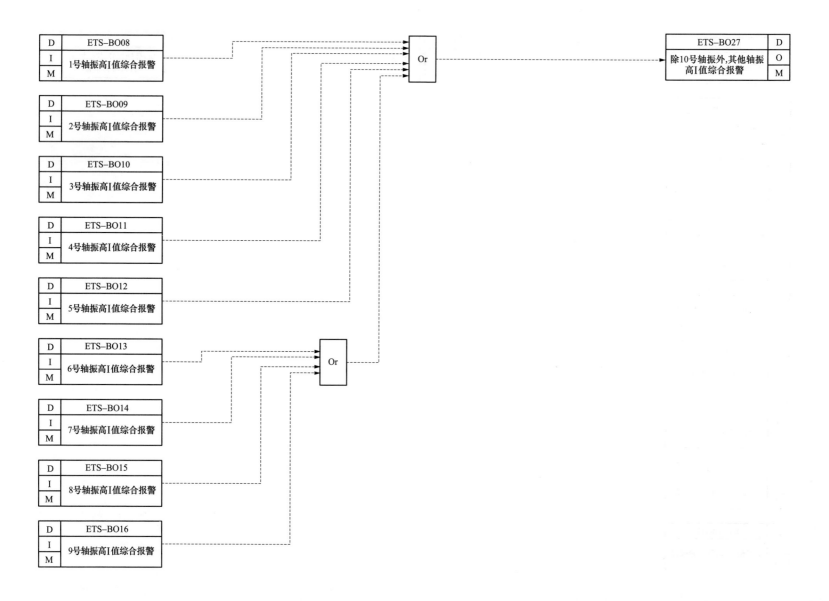

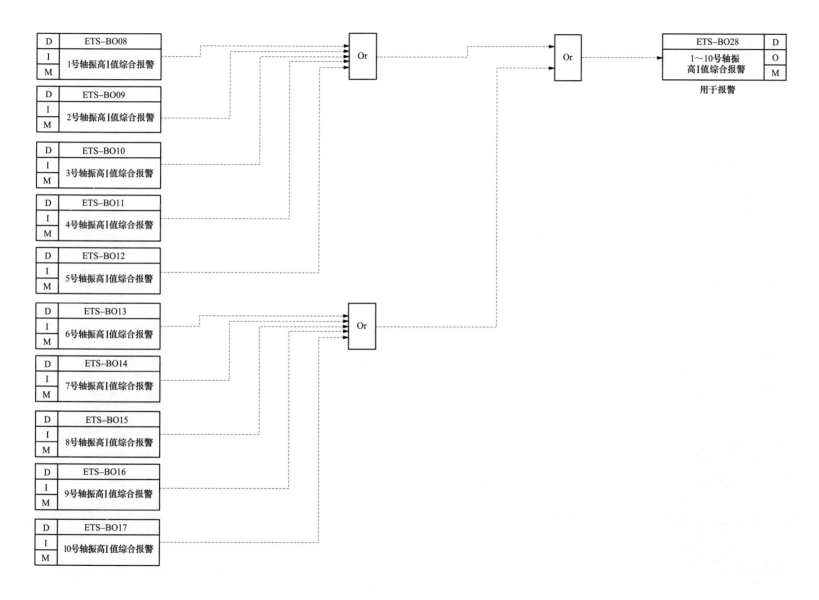

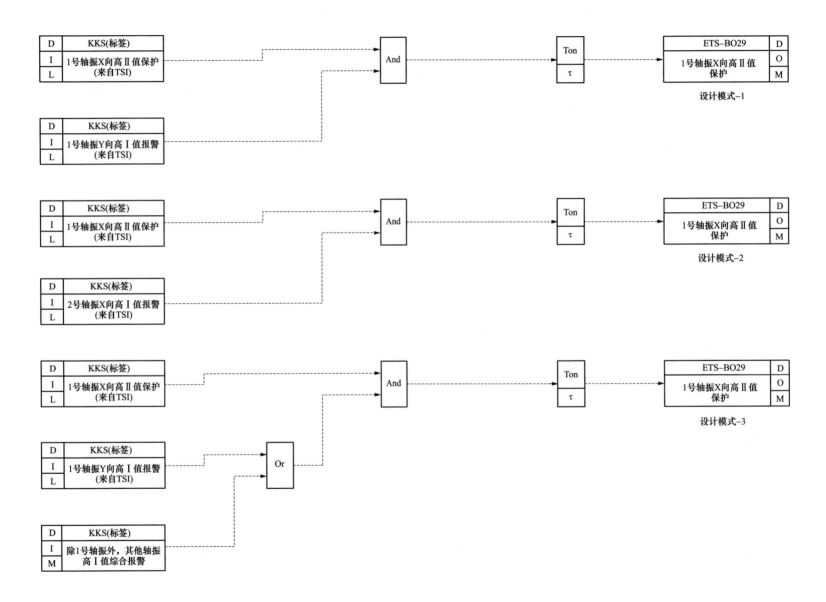

D	KKS(标签)
I	1号轴振X向高Ⅱ值保护
L	(来自TSI)

D	KKS(标签)
I	1号轴振Y向高Ⅰ值报警
L	(来自TSI)

And

Ton
τ

ETS–BO29	D
1号轴振X向高Ⅱ值	O
保护	M

设计模式–1

D	KKS(标签)
I	1号轴振X向高Ⅱ值保护
L	(来自TSI)

D	KKS(标签)
I	2号轴振X向高Ⅰ值报警
L	(来自TSI)

And

Ton
τ

ETS–BO29	D
1号轴振X向高Ⅱ值	O
保护	M

设计模式–2

D	KKS(标签)
I	1号轴振X向高Ⅱ值保护
L	(来自TSI)

D	KKS(标签)
I	1号轴振Y向高Ⅰ值报警
L	(来自TSI)

D	KKS(标签)
I	除1号轴振外，其他轴振
M	高Ⅰ值综合报警

Or

And

Ton
τ

ETS–BO29	D
1号轴振X向高Ⅱ值	O
保护	M

设计模式–3

— 26 —

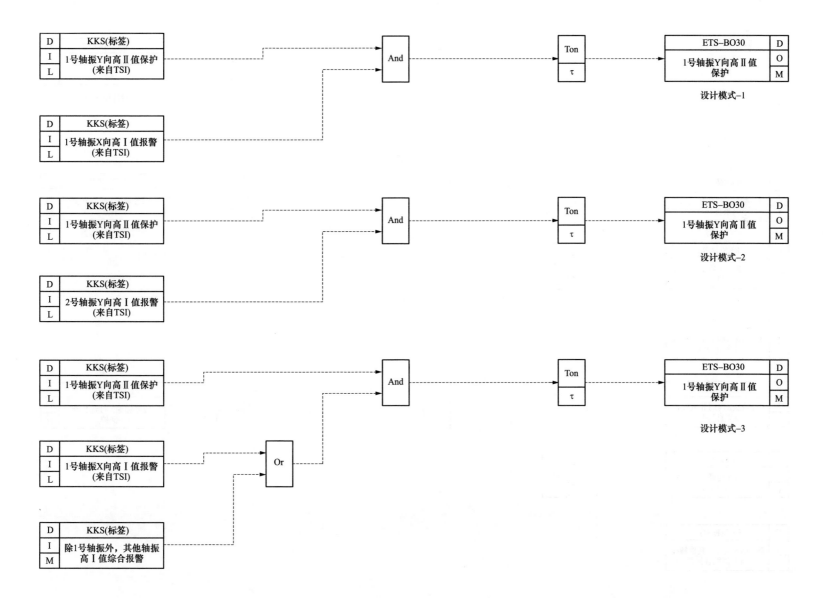

設計模式-1

設計模式-2

設計模式-3

— 27 —

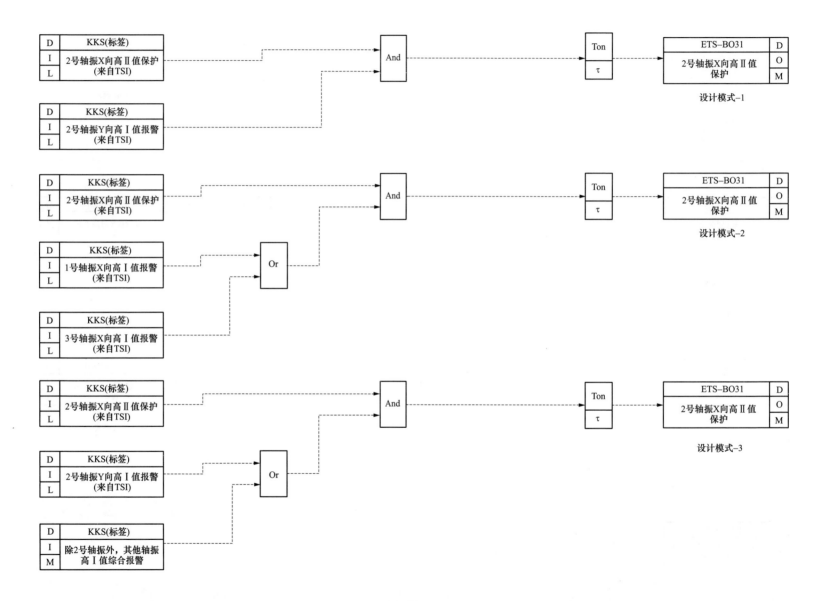

D	KKS(标签)		And		Ton		ETS–BO31	D
I	2号轴振X向高Ⅱ值保护 (来自TSI)				τ		2号轴振X向高Ⅱ值 保护	O
L								M

D	KKS(标签)
I	2号轴振Y向高Ⅰ值报警 (来自TSI)
L	

设计模式–1

D	KKS(标签)		And		Ton		ETS–BO31	D
I	2号轴振X向高Ⅱ值保护 (来自TSI)				τ		2号轴振X向高Ⅱ值 保护	O
L								M

D	KKS(标签)
I	1号轴振X向高Ⅰ值报警 (来自TSI)
L	

Or

D	KKS(标签)
I	3号轴振X向高Ⅰ值报警 (来自TSI)
L	

设计模式–2

D	KKS(标签)		And		Ton		ETS–BO31	D
I	2号轴振X向高Ⅱ值保护 (来自TSI)				τ		2号轴振X向高Ⅱ值 保护	O
L								M

D	KKS(标签)
I	2号轴振Y向高Ⅰ值报警 (来自TSI)
L	

Or

D	KKS(标签)
I	除2号轴振外，其他轴振 高Ⅰ值综合报警
M	

设计模式–3

— 28 —

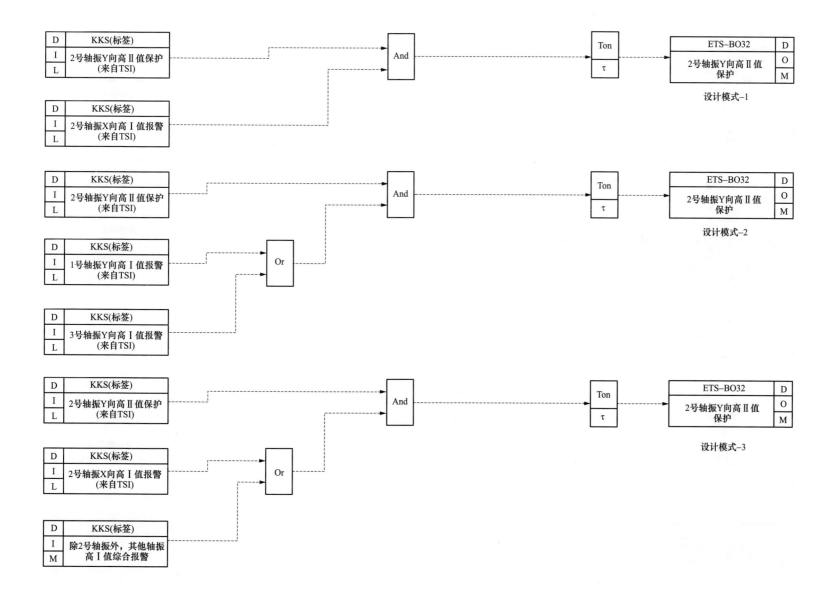

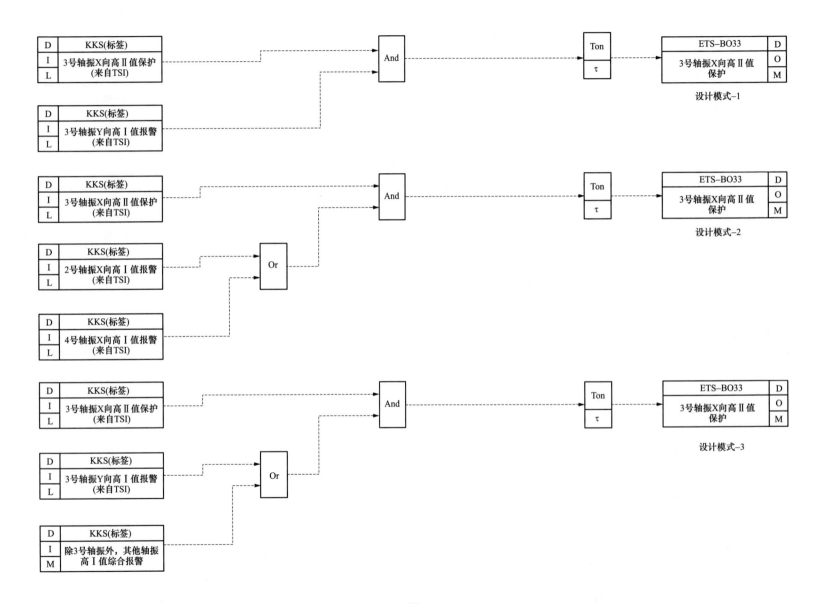

D	KKS(标签)
I	3号轴振X向高Ⅱ值保护
L	(来自TSI)

D	KKS(标签)
I	3号轴振Y向高Ⅰ值报警
L	(来自TSI)

And

Ton τ

ETS–BO33	D
3号轴振X向高Ⅱ值	O
保护	M

设计模式-1

D	KKS(标签)
I	3号轴振X向高Ⅱ值保护
L	(来自TSI)

D	KKS(标签)
I	2号轴振X向高Ⅰ值报警
L	(来自TSI)

D	KKS(标签)
I	4号轴振X向高Ⅰ值报警
L	(来自TSI)

Or

And

Ton τ

ETS–BO33	D
3号轴振X向高Ⅱ值	O
保护	M

设计模式-2

D	KKS(标签)
I	3号轴振X向高Ⅱ值保护
L	(来自TSI)

D	KKS(标签)
I	3号轴振Y向高Ⅰ值报警
L	(来自TSI)

D	KKS(标签)
I	除3号轴振外，其他轴振
M	高Ⅰ值综合报警

Or

And

Ton τ

ETS–BO33	D
3号轴振X向高Ⅱ值	O
保护	M

设计模式-3

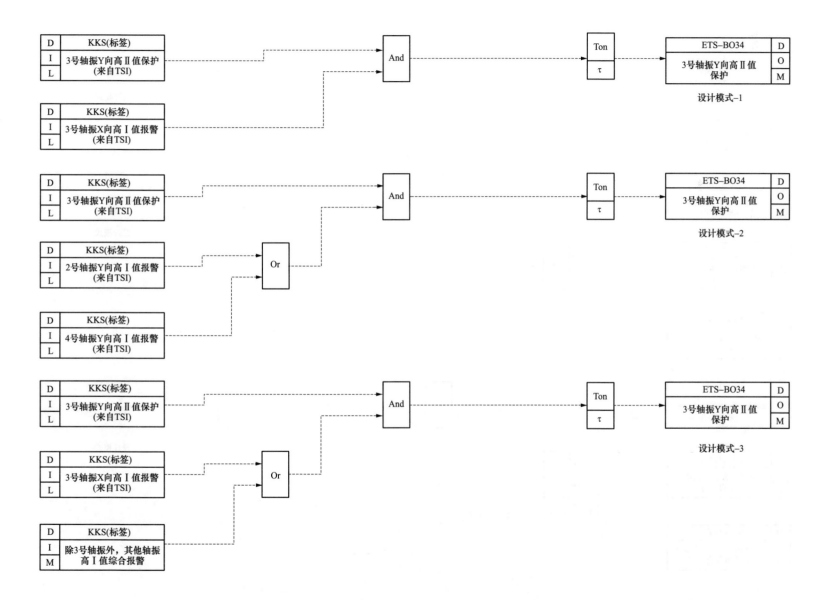

D	KKS(标签)
I	3号轴振Y向高Ⅱ值保护
L	(来自TSI)

D	KKS(标签)
I	3号轴振X向高Ⅰ值报警
L	(来自TSI)

And → Ton τ →

ETS−BO34	D
3号轴振Y向高Ⅱ值保护	O
	M

设计模式-1

D	KKS(标签)
I	3号轴振Y向高Ⅱ值保护
L	(来自TSI)

D	KKS(标签)
I	2号轴振Y向高Ⅰ值报警
L	(来自TSI)

D	KKS(标签)
I	4号轴振Y向高Ⅰ值报警
L	(来自TSI)

Or → And → Ton τ →

ETS−BO34	D
3号轴振Y向高Ⅱ值保护	O
	M

设计模式-2

D	KKS(标签)
I	3号轴振Y向高Ⅱ值保护
L	(来自TSI)

D	KKS(标签)
I	3号轴振X向高Ⅰ值报警
L	(来自TSI)

D	KKS(标签)
I	除3号轴振外，其他轴振
M	高Ⅰ值综合报警

Or → And → Ton τ →

ETS−BO34	D
3号轴振Y向高Ⅱ值保护	O
	M

设计模式-3

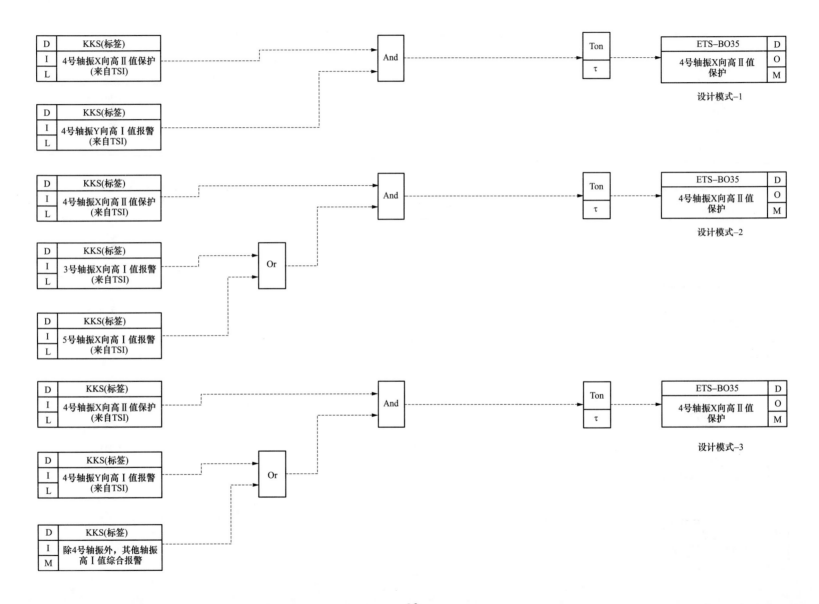

D	KKS(标签)
I	4号轴振X向高Ⅱ值保护
L	(来自TSI)

D	KKS(标签)
I	4号轴振Y向高Ⅰ值报警
L	(来自TSI)

And

Ton
τ

ETS–BO35	D
4号轴振X向高Ⅱ值	O
保护	M

设计模式–1

D	KKS(标签)
I	4号轴振X向高Ⅱ值保护
L	(来自TSI)

D	KKS(标签)
I	3号轴振X向高Ⅰ值报警
L	(来自TSI)

D	KKS(标签)
I	5号轴振X向高Ⅰ值报警
L	(来自TSI)

Or

And

Ton
τ

ETS–BO35	D
4号轴振X向高Ⅱ值	O
保护	M

设计模式–2

D	KKS(标签)
I	4号轴振X向高Ⅱ值保护
L	(来自TSI)

D	KKS(标签)
I	4号轴振Y向高Ⅰ值报警
L	(来自TSI)

D	KKS(标签)
I	除4号轴振外，其他轴振
M	高Ⅰ值综合报警

Or

And

Ton
τ

ETS–BO35	D
4号轴振X向高Ⅱ值	O
保护	M

设计模式–3

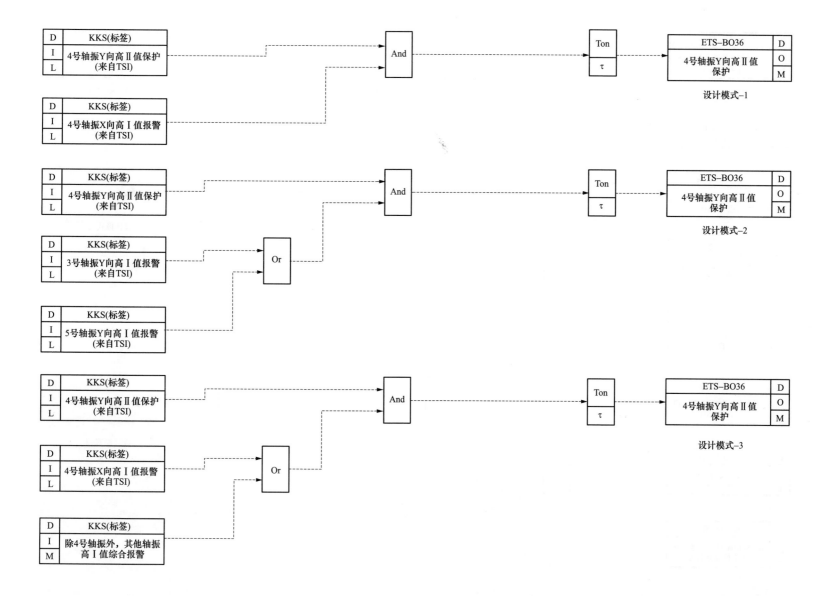

设计模式-1

设计模式-2

设计模式-3

— 33 —

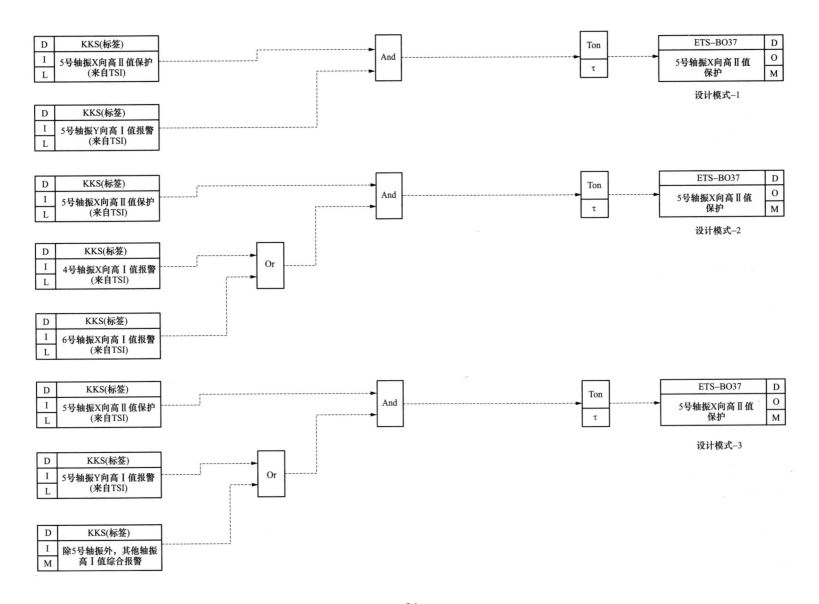

设计模式-1

设计模式-2

设计模式-3

— 34 —

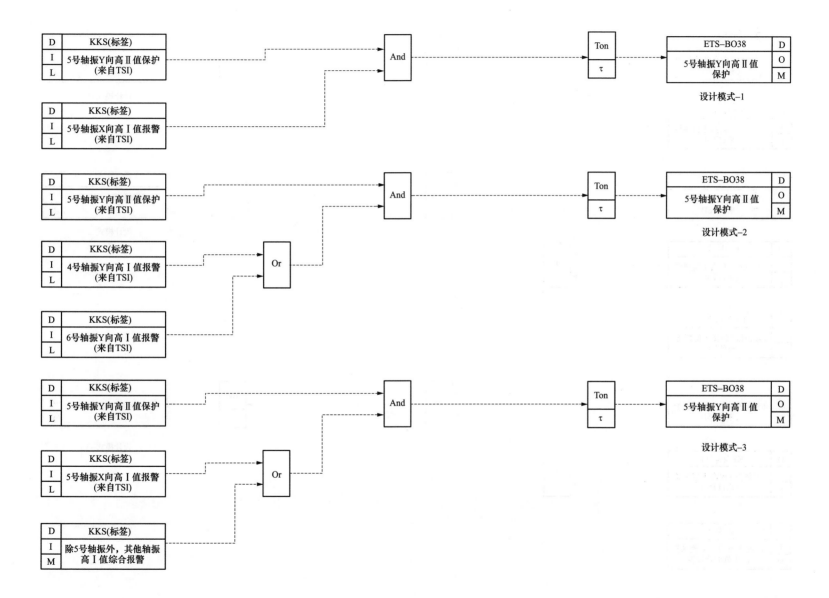

设计模式-1

设计模式-2

设计模式-3

— 35 —

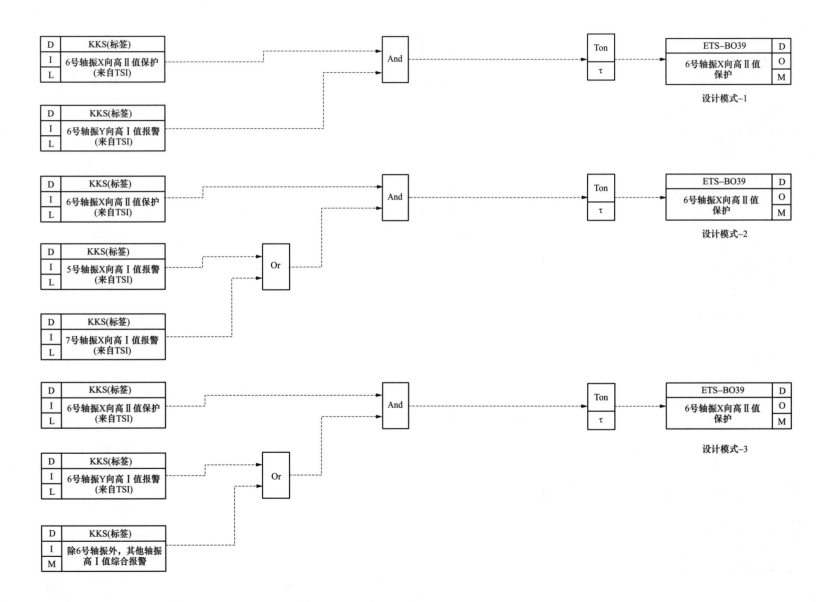

设计模式-1

设计模式-2

设计模式-3

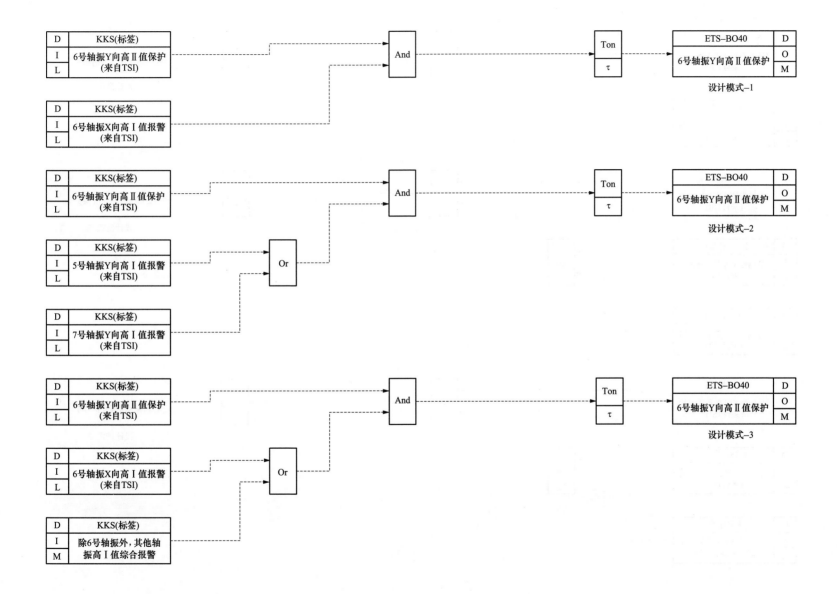

设计模式–1

设计模式–2

设计模式–3

— 37 —

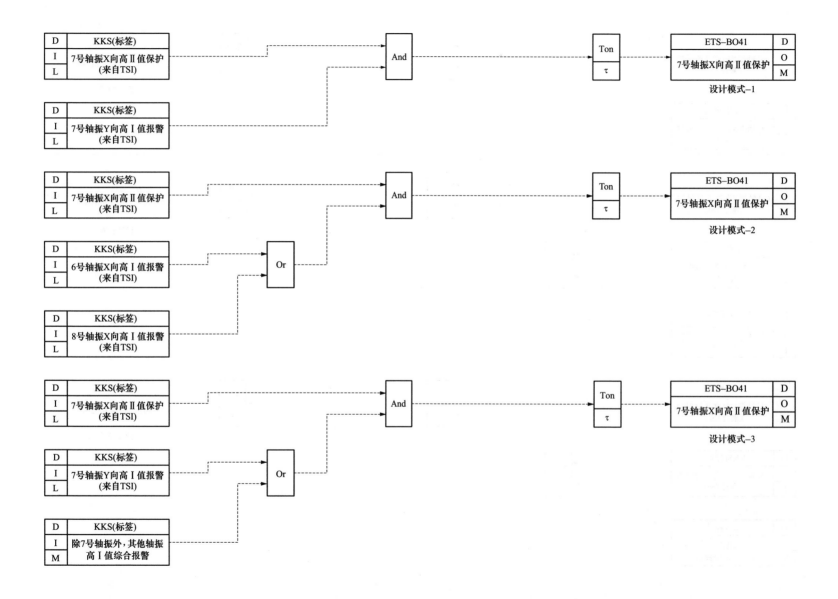

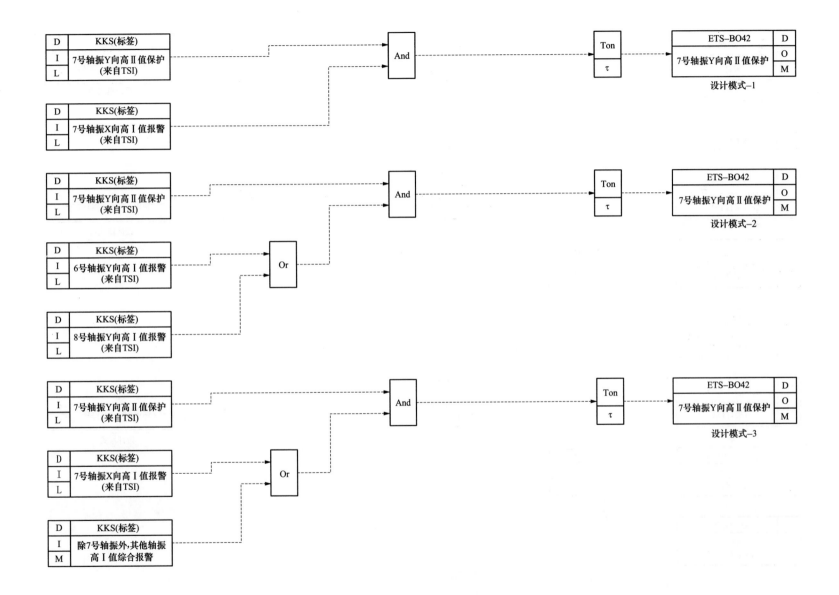

设计模式-1

设计模式-2

设计模式-3

— 39 —

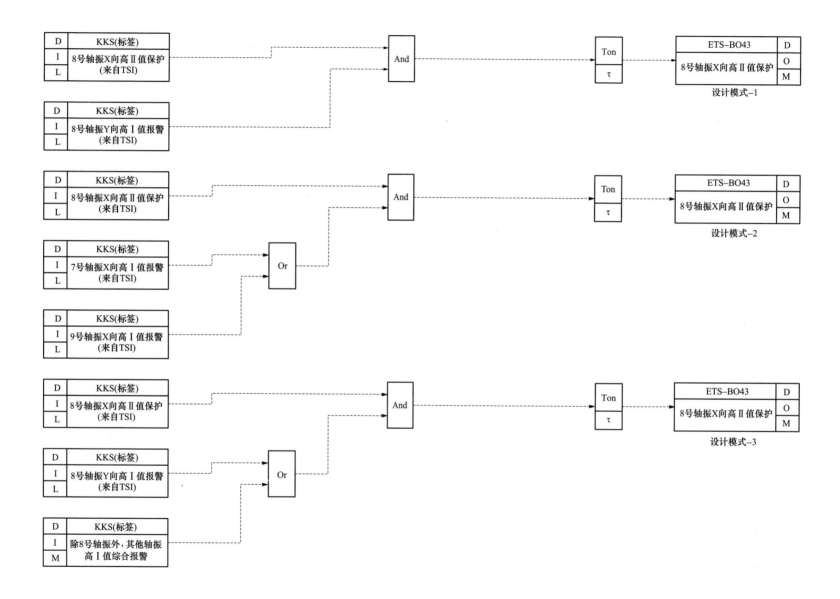

设计模式-1

设计模式-2

设计模式-3

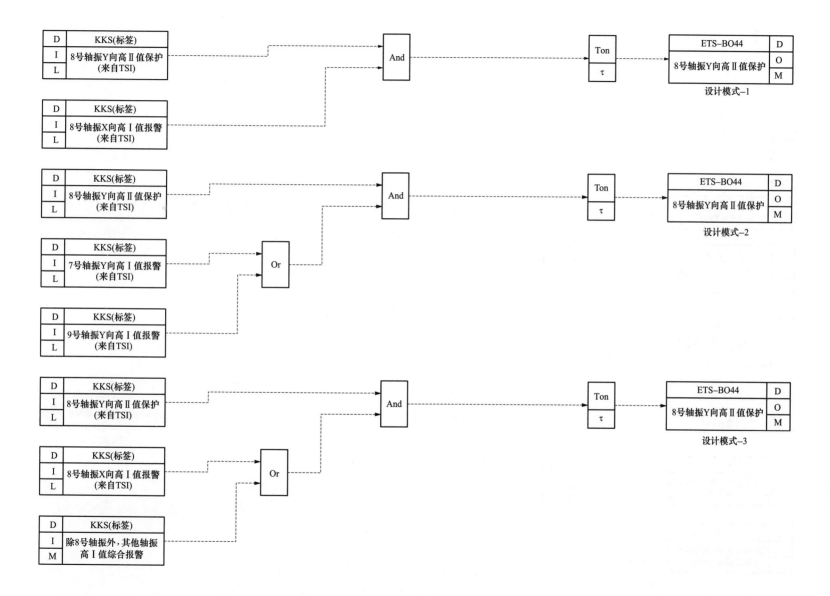

设计模式–1

设计模式–2

设计模式–3

— 41 —

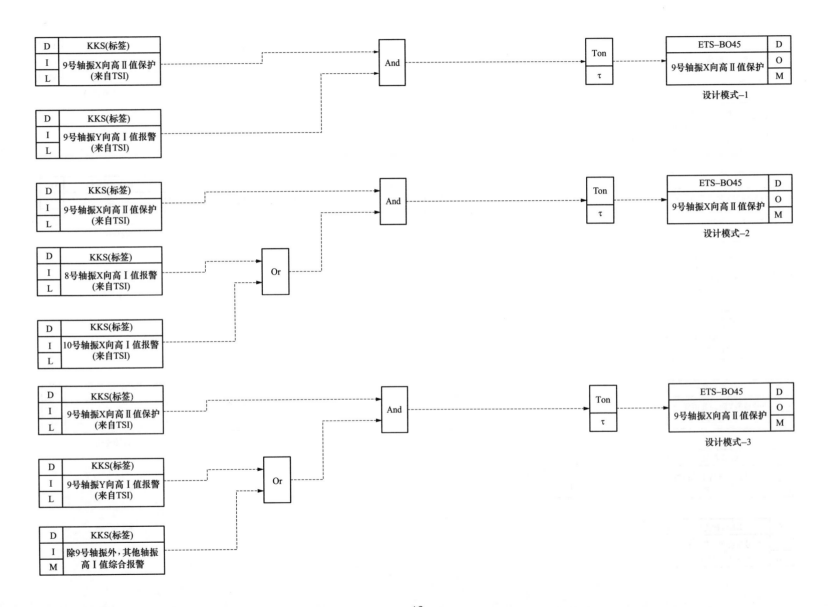

設計模式–1

設計模式–2

設計模式–3

— 42 —

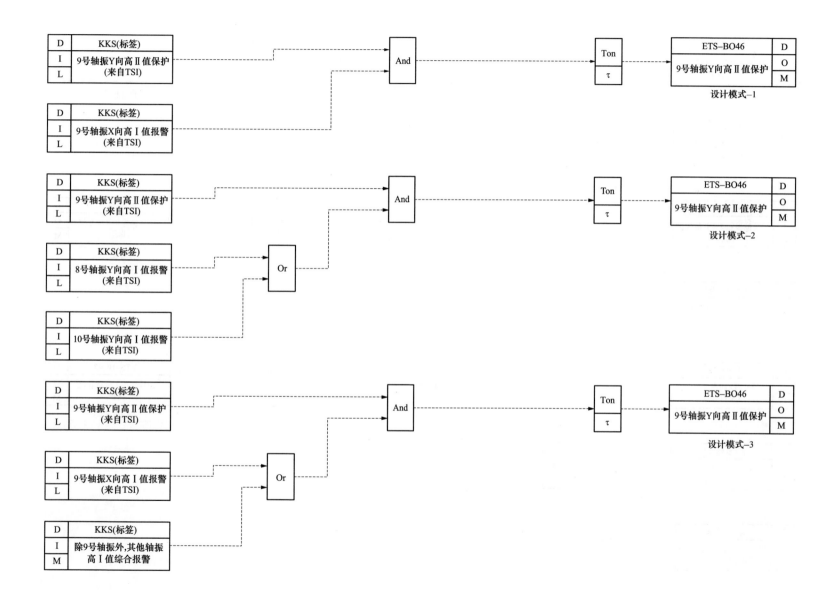

设计模式-1

设计模式-2

设计模式-3

— 43 —

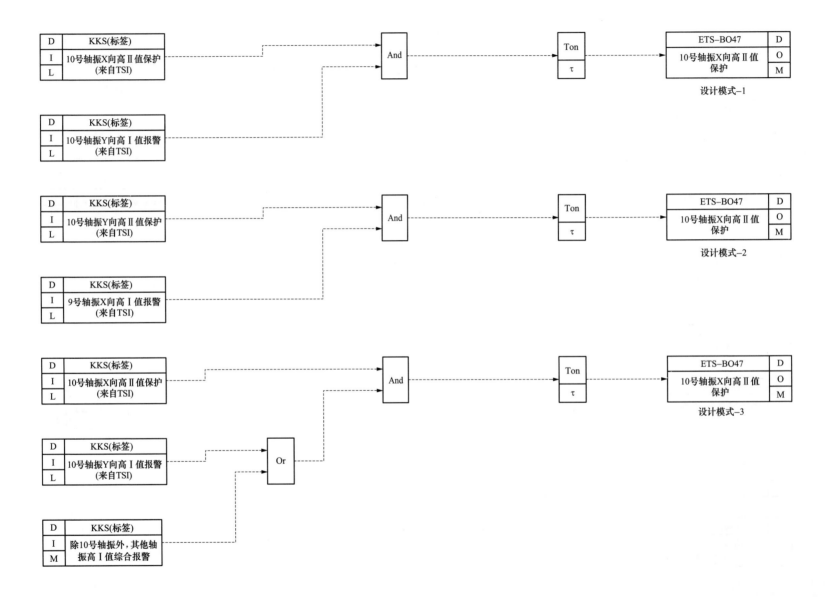

D	KKS(标签)
I	10号轴振X向高Ⅱ值保护
L	(来自TSI)

D	KKS(标签)
I	10号轴振Y向高Ⅰ值报警
L	(来自TSI)

And

Ton
τ

ETS-BO47	D
10号轴振X向高Ⅱ值	O
保护	M

设计模式-1

D	KKS(标签)
I	10号轴振Y向高Ⅱ值保护
L	(来自TSI)

D	KKS(标签)
I	9号轴振X向高Ⅰ值报警
L	(来自TSI)

And

Ton
τ

ETS-BO47	D
10号轴振X向高Ⅱ值	O
保护	M

设计模式-2

D	KKS(标签)
I	10号轴振X向高Ⅱ值保护
L	(来自TSI)

D	KKS(标签)
I	10号轴振Y向高Ⅰ值报警
L	(来自TSI)

D	KKS(标签)
I	除10号轴振外,其他轴
M	振高Ⅰ值综合报警

Or

And

Ton
τ

ETS-BO47	D
10号轴振X向高Ⅱ值	O
保护	M

设计模式-3

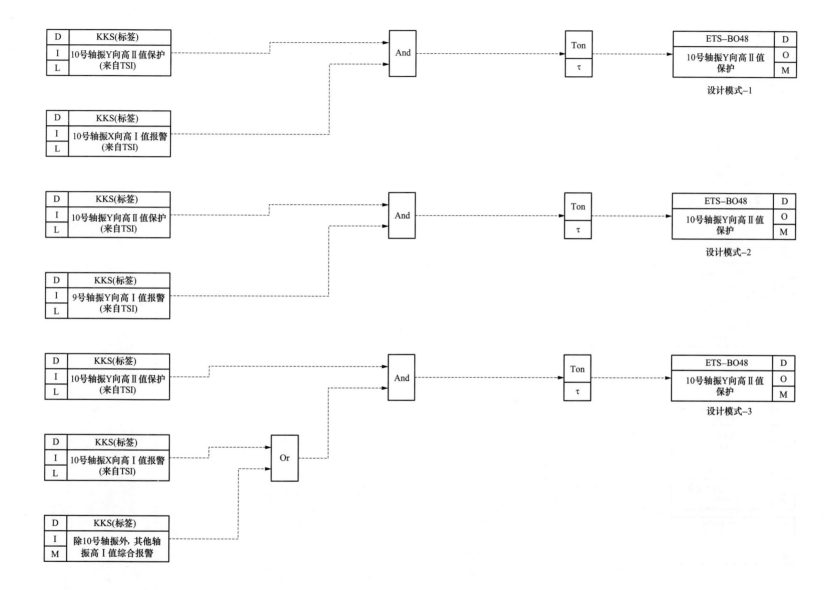

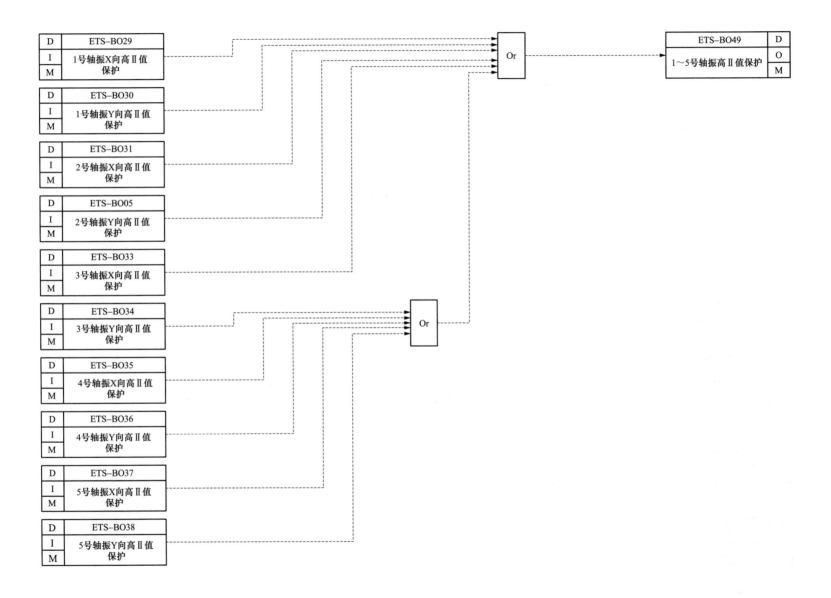

D	ETS-BO29
I	1号轴振X向高Ⅱ值保护
M	

D	ETS-BO30
I	1号轴振Y向高Ⅱ值保护
M	

D	ETS-BO31
I	2号轴振X向高Ⅱ值保护
M	

D	ETS-BO05
I	2号轴振Y向高Ⅱ值保护
M	

D	ETS-BO33
I	3号轴振X向高Ⅱ值保护
M	

D	ETS-BO34
I	3号轴振Y向高Ⅱ值保护
M	

D	ETS-BO35
I	4号轴振X向高Ⅱ值保护
M	

D	ETS-BO36
I	4号轴振Y向高Ⅱ值保护
M	

D	ETS-BO37
I	5号轴振X向高Ⅱ值保护
M	

D	ETS-BO38
I	5号轴振Y向高Ⅱ值保护
M	

Or

ETS-BO49	D
1～5号轴振高Ⅱ值保护	O
	M

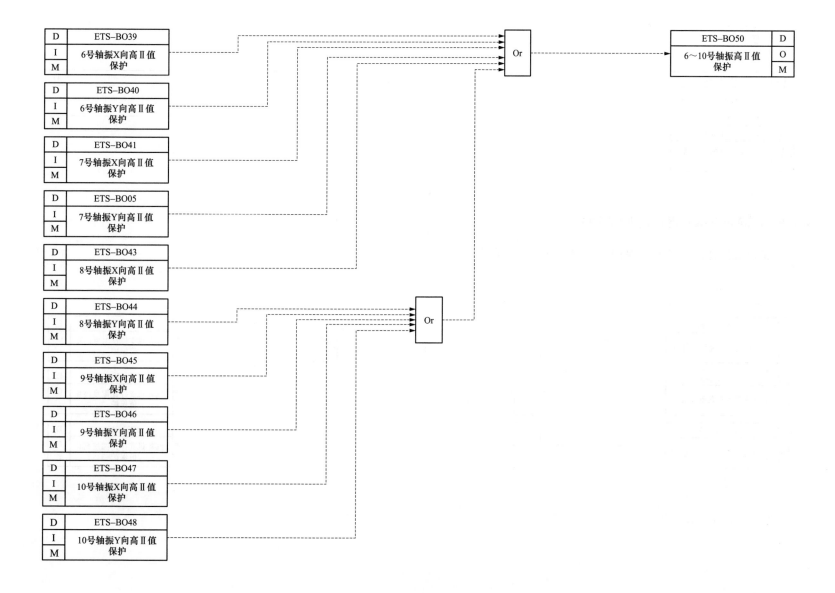

图 4.1-8　汽轮机轴振高Ⅱ值保护逻辑图

4.1.9　汽轮机支撑瓦温度高Ⅱ值保护

汽轮机支撑瓦温度高Ⅱ值保护逻辑图如图 4.1-9 所示。

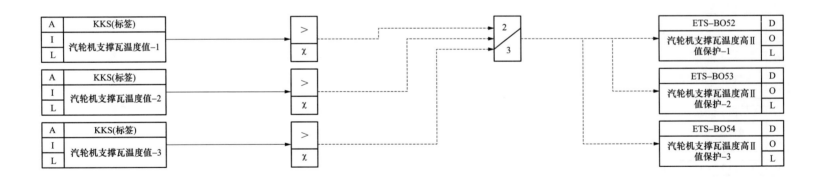

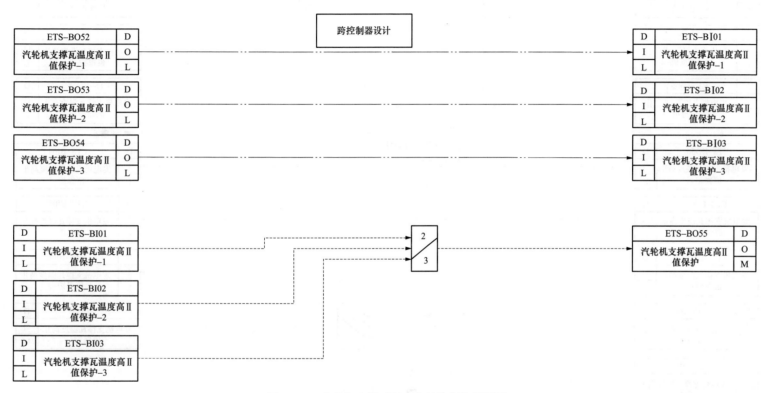

图 4.1-9　汽轮机支撑瓦温度高Ⅱ值保护逻辑图

4.1.10　发电机支撑瓦温度高Ⅱ值保护

发电机支撑瓦温度高Ⅱ值保护逻辑图如图 4.1-10 所示。

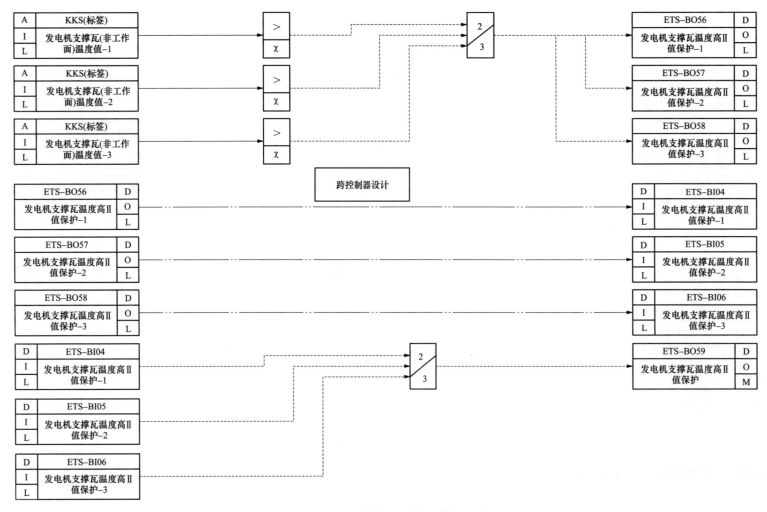

图 4.1-10　发电机支撑瓦温度高Ⅱ值保护逻辑图

4.1.11 汽轮机推力瓦（非工作面）温度高Ⅱ值保护

汽轮机推力瓦（非工作面）温度高Ⅱ值保护逻辑图如图 4.1-11 所示。

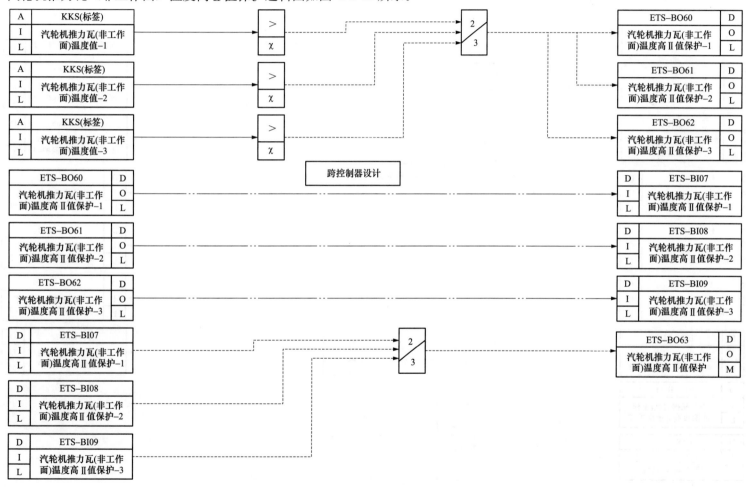

图 4.1-11　汽轮机推力瓦（非工作面）温度高Ⅱ值保护逻辑图

4.1.12 汽轮机推力瓦（工作面）温度高Ⅱ值保护

汽轮机推力瓦（工作面）温度高Ⅱ值保护逻辑图如图 4.1-12 所示。

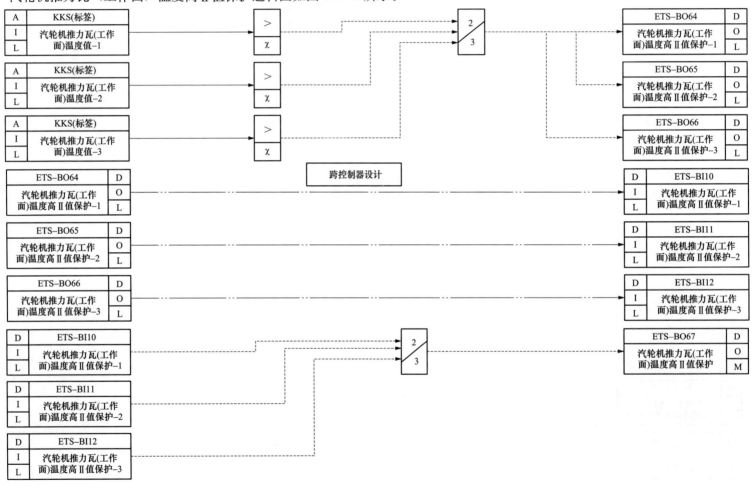

图 4.1-12 汽轮机推力瓦（工作面）温度高Ⅱ值保护逻辑图

4.1.13 润滑油箱液位低Ⅱ值保护

润滑油箱液位低Ⅱ值保护逻辑图如图 4.1-13 所示。

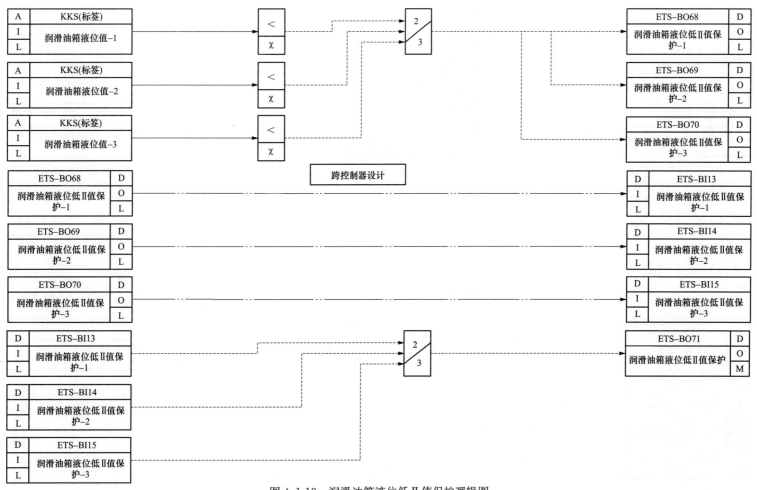

图 4.1-13 润滑油箱液位低Ⅱ值保护逻辑图

4.1.14 高压缸排汽温度高Ⅱ值保护

高压缸排汽温度高Ⅱ值保护逻辑图如图 4.1-14 所示。

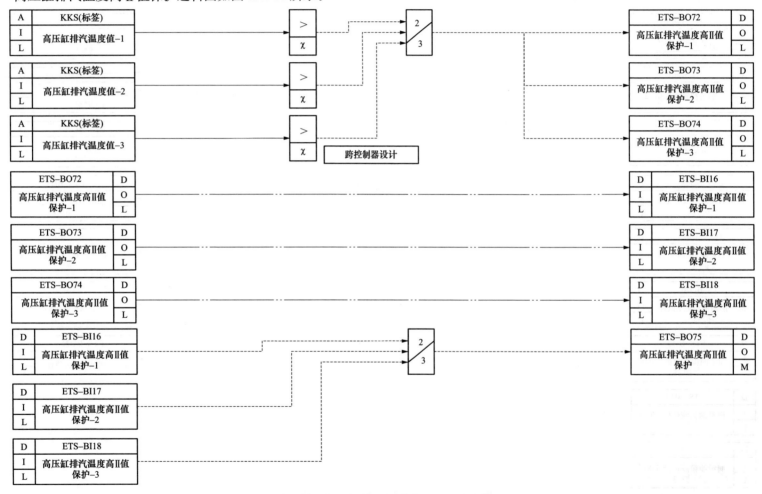

图 4.1-14 高压缸排汽温度高Ⅱ值保护逻辑图

4.1.15 高压缸排汽压比低Ⅱ值保护

高压缸排汽压比低Ⅱ值保护逻辑图如图 4.1-15 所示。

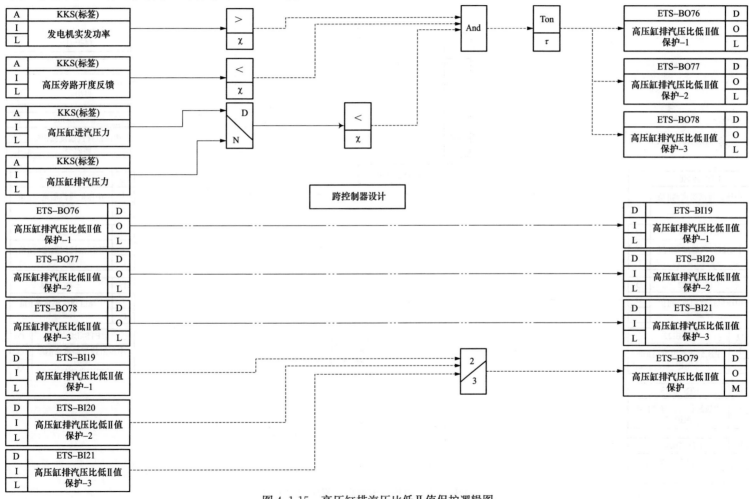

图 4.1-15 高压缸排汽压比低Ⅱ值保护逻辑图

4.1.16 中压缸排汽温度高Ⅱ值保护

中压缸排汽温度高Ⅱ值保护逻辑图如图4.1-16所示。

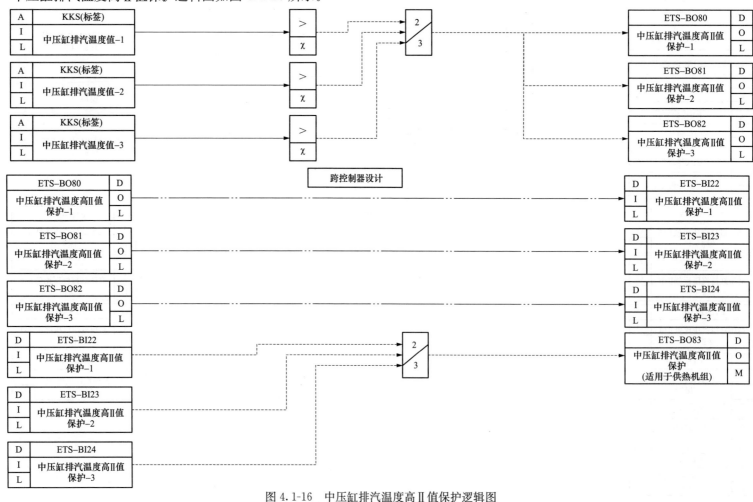

图4.1-16 中压缸排汽温度高Ⅱ值保护逻辑图

4.1.17 中压缸排汽压力高Ⅱ值保护

中压缸排汽压力高Ⅱ值保护逻辑图如图 4.1-17 所示。

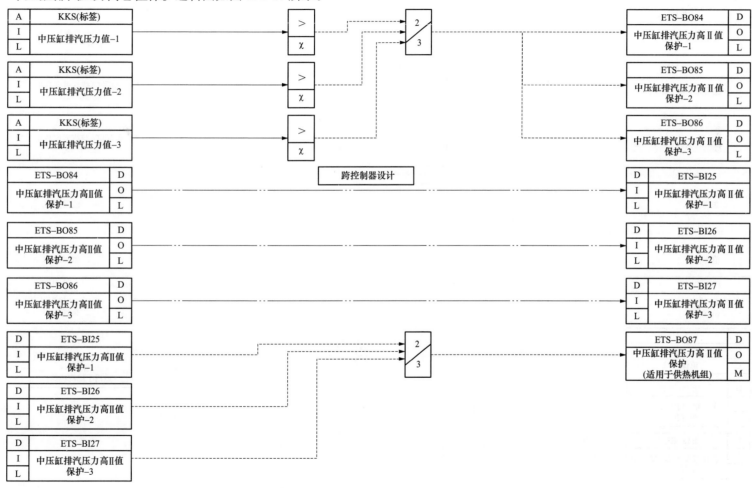

图 4.1-17　中压缸排汽压力高Ⅱ值保护逻辑图

4.1.18 低压缸 A 排汽温度高 II 值保护

低压缸 A 排汽温度高 II 值保护逻辑图如图 4.1-18 所示。

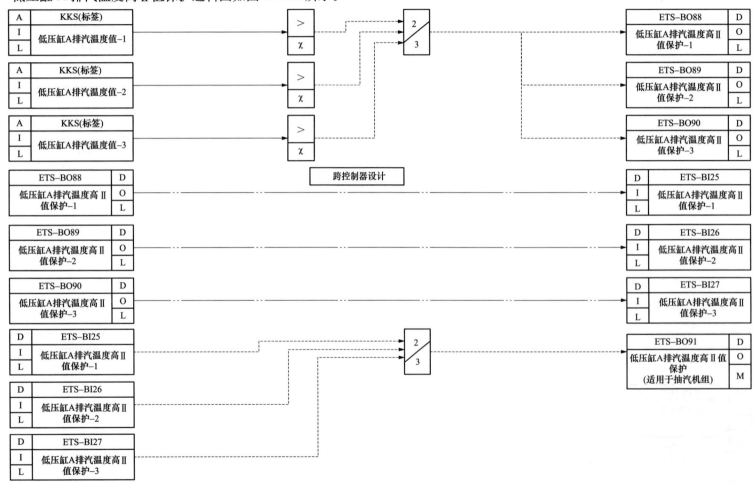

图 4.1-18 低压缸 A 排汽温度高 II 值保护逻辑图

4.1.19 低压缸 B 排汽温度高 II 值保护

低压缸 B 排汽温度高 II 值保护逻辑图如图 4.1-19 所示。

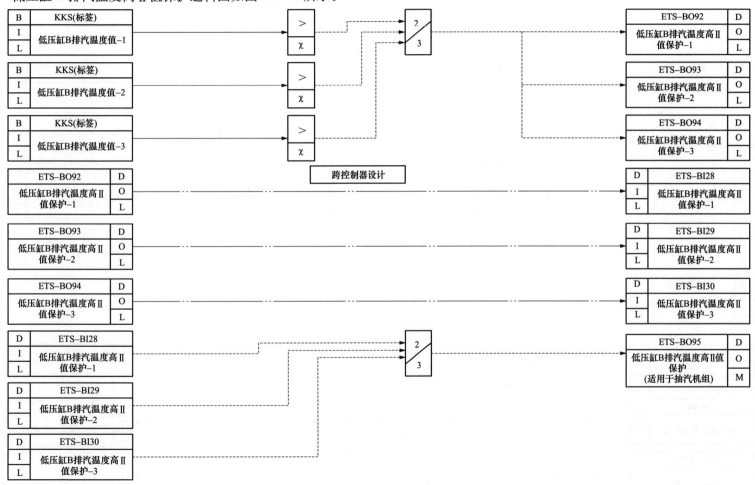

图 4.1-19 低压缸 B 排汽温度高 II 值保护逻辑图

4.1.20 DEH 侧综合保护

DEH 侧综合保护逻辑图如图 4.1-20 所示。

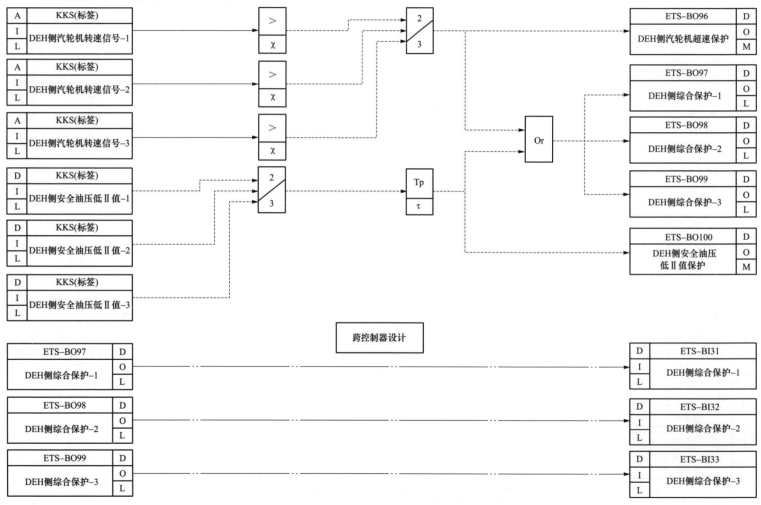

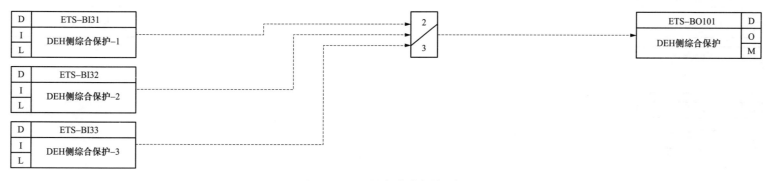

图 4.1-20　DEH 侧综合保护逻辑图

4.1.21　DEH 控制器供电电源 1 与供电电源 2 失电保护

DEH 控制器供电电源 1 与供电电源 2 失电保护逻辑图如图 4.1-21 所示。

图 4.1-21　DEH 控制器供电电源 1 与供电电源 2 失电保护逻辑图

4.1.22　ETS 超速保护

ETS 超速保护逻辑图如图 4.1-22 所示。

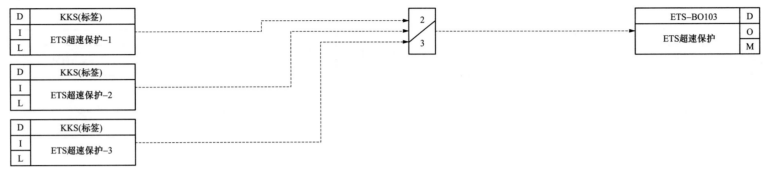

图 4.1-22 ETS 超速保护逻辑图

4.1.23 集控室手动按钮停汽轮机保护

集控室手动按钮停汽轮机保护逻辑图如图 4.1-23 所示。

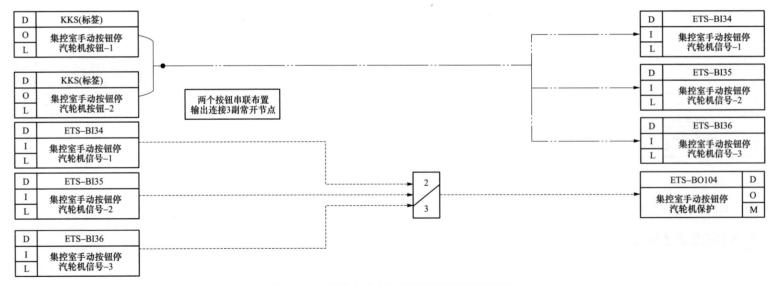

图 4.1-23 集控室手动按钮停汽轮机保护逻辑图

4.1.24 就地手动按钮停汽轮机保护

就地手动按钮停汽轮机保护逻辑图如图 4.1-24 所示。

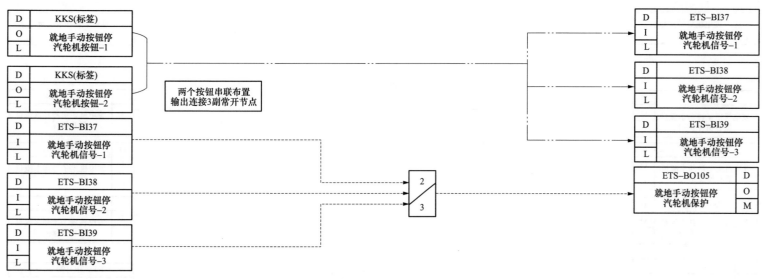

图 4.1-24 就地手动按钮停汽轮机保护逻辑图

4.1.25 发电机定子冷却水流量低Ⅱ值保护

发电机定子冷却水流量低Ⅱ值保护逻辑图如图 4.1-25 所示。

4.1.26 发电机转子冷却水流量低Ⅱ值保护

发电机转子冷却水流量低Ⅱ值保护逻辑图如图 4.1-26 所示。

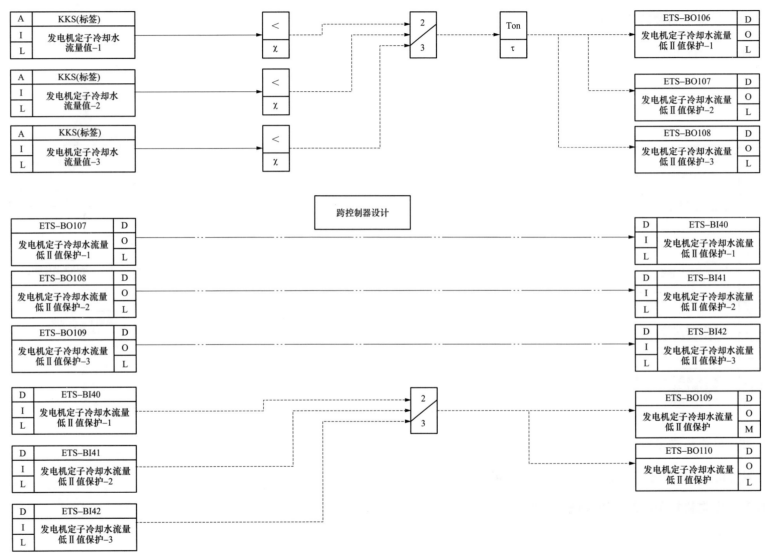

图 4.1-25　发电机定子冷却水流量低Ⅱ值保护逻辑图

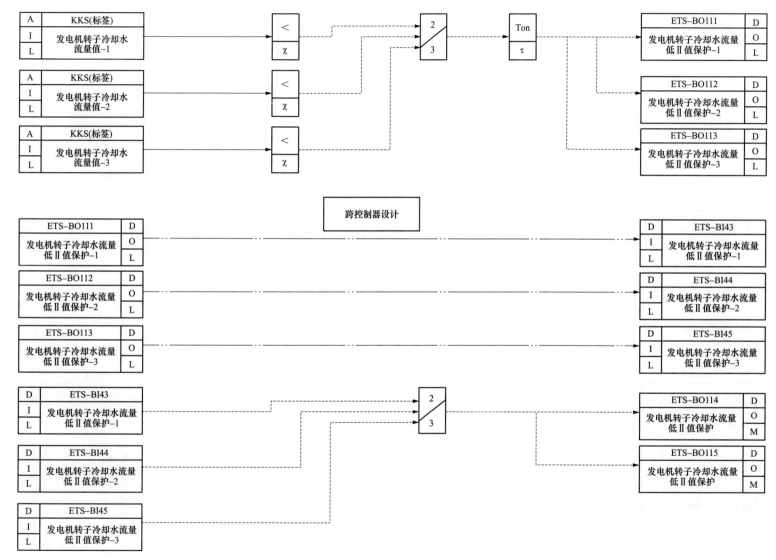

图 4.1-26　发电机转子冷却水流量低Ⅱ值保护逻辑图

4.1.27 锅炉 MFT 动作跳闸汽轮机保护

锅炉 MFT 动作跳闸汽轮机保护逻辑图如图 4.1-27 所示。

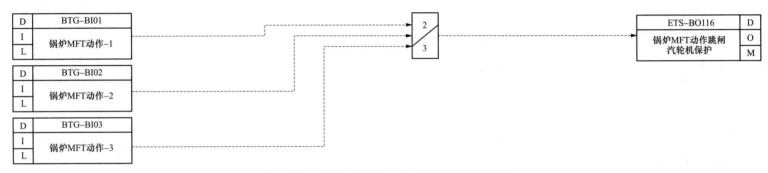

图 4.1-27　锅炉 MFT 动作跳闸汽轮机保护逻辑图

4.1.28 发电机故障跳闸汽轮机保护

发电机故障跳闸汽轮机保护逻辑图如图 4.1-28 所示。

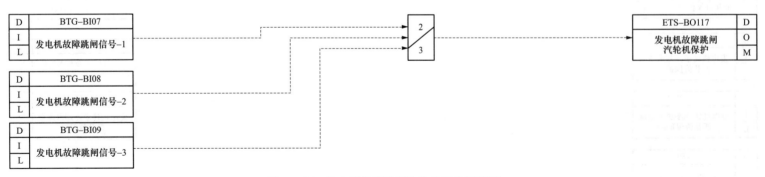

图 4.1-28　发电机故障跳闸汽轮机保护逻辑图

4.1.29 功率负荷不平衡跳闸汽轮机保护

功率负荷不平衡跳闸汽轮机保护逻辑图如图 4.1-29 所示。

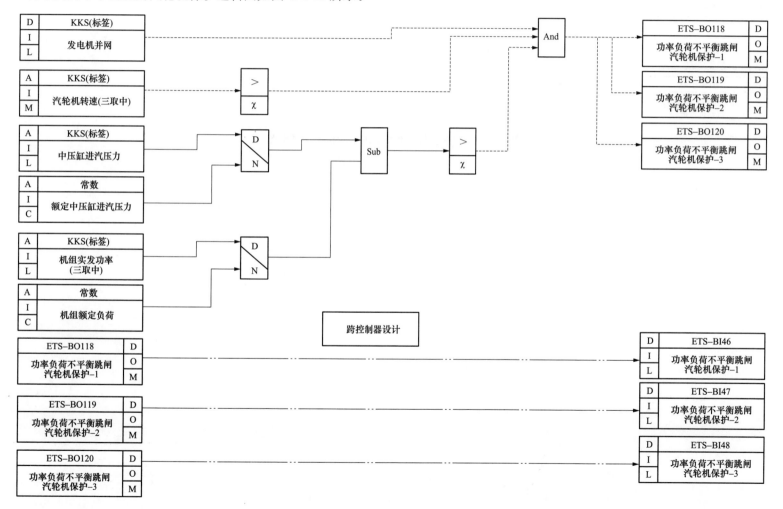

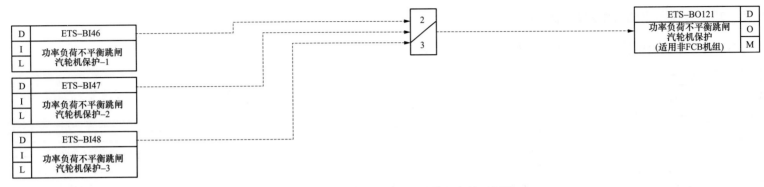

图 4.1-29　功率负荷不平衡跳闸汽轮机保护逻辑图

4.1.30 汽轮机跳闸保护汇总

汽轮机跳闸保护汇总逻辑图如图 4.1-30 所示。

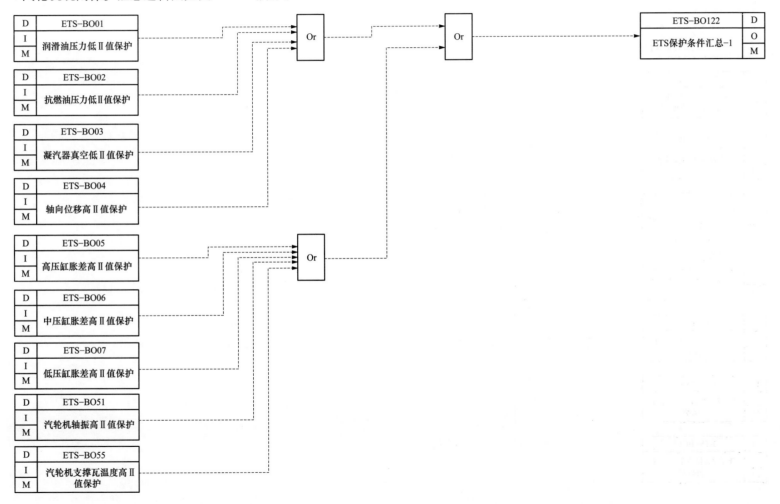

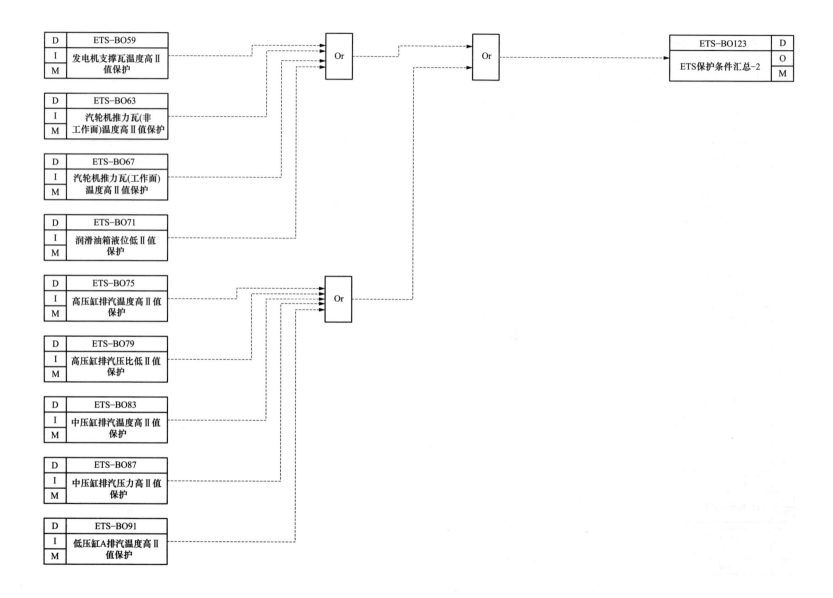

D	ETS-BO59
I	发电机支撑瓦温度高Ⅱ
M	值保护

D	ETS-BO63
I	汽轮机推力瓦(非
M	工作面)温度高Ⅱ值保护

D	ETS-BO67
I	汽轮机推力瓦(工作面)
M	温度高Ⅱ值保护

D	ETS-BO71
I	润滑油箱液位低Ⅱ值
M	保护

D	ETS-BO75
I	高压缸排汽温度高Ⅱ值
M	保护

D	ETS-BO79
I	高压缸排汽压比低Ⅱ值
M	保护

D	ETS-BO83
I	中压缸排汽温度高Ⅱ值
M	保护

D	ETS-BO87
I	中压缸排汽压力高Ⅱ值
M	保护

D	ETS-BO91
I	低压缸A排汽温度高Ⅱ
M	值保护

ETS-BO123	D
ETS保护条件汇总-2	O
	M

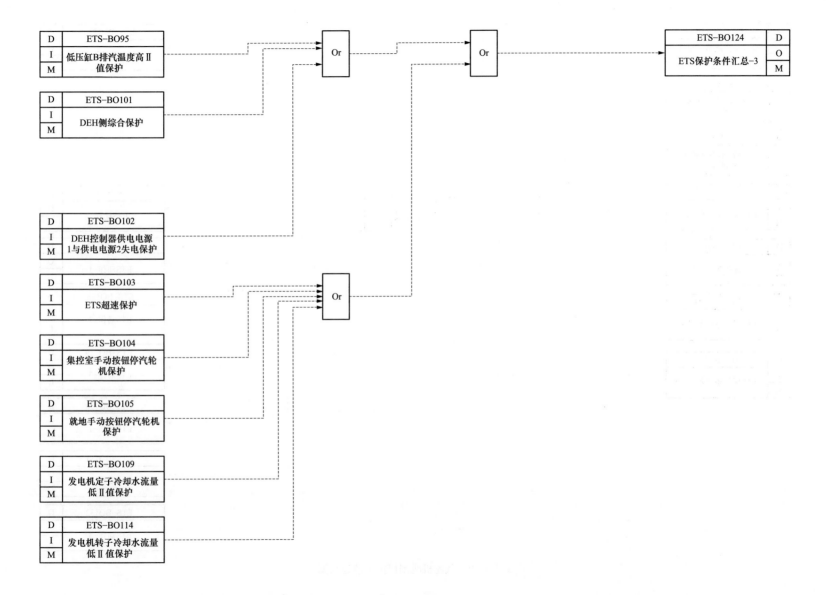

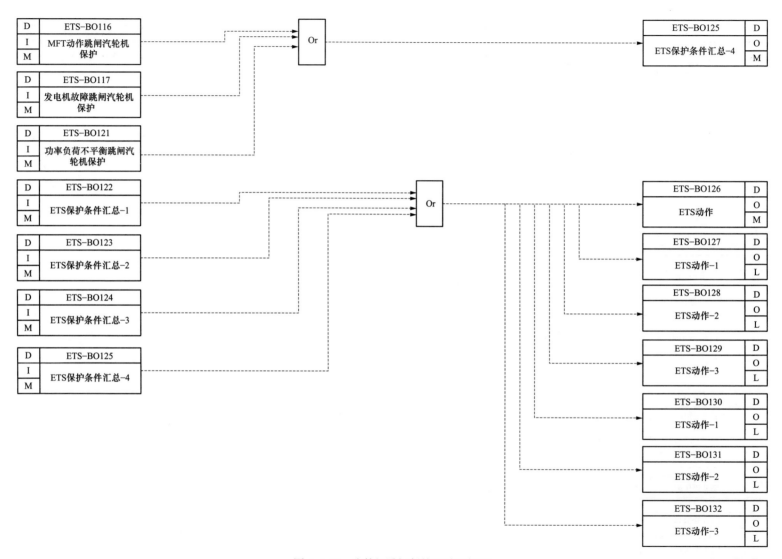

图 4.1-30　汽轮机跳闸保护汇总逻辑图

4.2 汽动给水泵组跳闸保护

4.2.1 给水泵汽轮机润滑油压力低Ⅱ值保护

给水泵汽轮机润滑油压力低Ⅱ值保护逻辑图如图 4.2-1 所示。

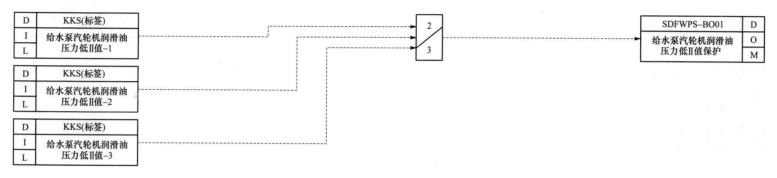

图 4.2-1 给水泵汽轮机润滑油压力低Ⅱ值保护逻辑图

4.2.2 给水泵汽轮机润滑油箱液位低Ⅱ值保护

给水泵汽轮机润滑油箱液位低Ⅱ值保护逻辑图如图 4.2-2 所示。

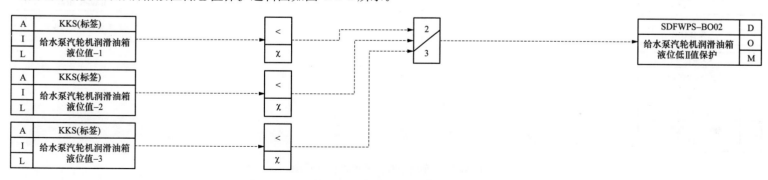

图 4.2-2 给水泵汽轮机润滑油箱液位低Ⅱ值保护逻辑图

4.2.3 抗燃油母管压力低Ⅱ值保护

抗燃油母管压力低Ⅱ值保护逻辑图如图 4.2-3 所示。

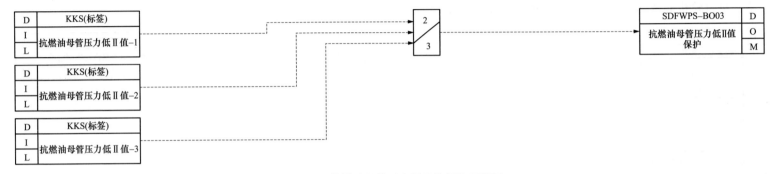

图 4.2-3 抗燃油母管压力低Ⅱ值保护逻辑图

4.2.4 轴向位移高Ⅱ值保护

轴向位移高Ⅱ值保护逻辑图如图 4.2-4 所示。

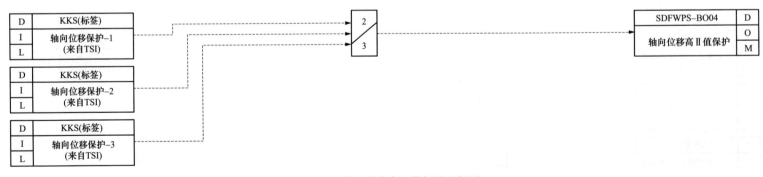

图 4.2-4 轴向位移高Ⅱ值保护逻辑图

4.2.5　MEH 超速保护

MEH 超速保护逻辑图如图 4.2-5 所示。

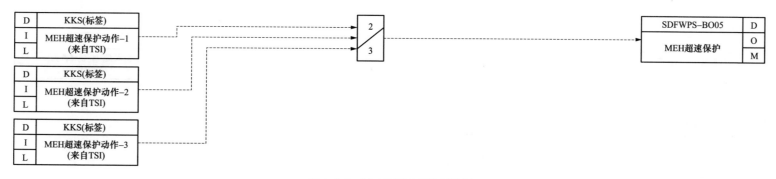

图 4.2-5　MEH 超速保护逻辑图

4.2.6　给水泵汽轮机排汽装置真空低 Ⅱ 值保护

给水泵汽轮机排汽装置真空低 Ⅱ 值保护逻辑图如图 4.2-6 所示。

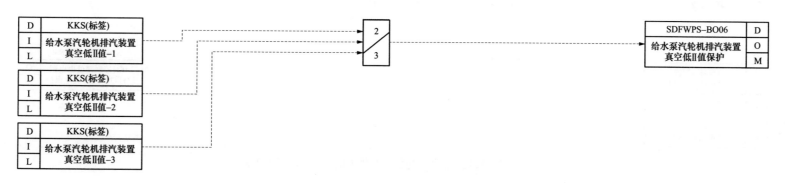

图 4.2-6　给水泵汽轮机排汽装置真空低 Ⅱ 值保护逻辑图

4.2.7 给水泵汽轮机排汽温度高Ⅱ值保护

给水泵汽轮机排汽温度高Ⅱ值保护逻辑图如图 4.2-7 所示。

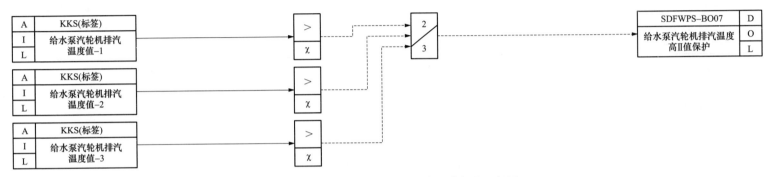

图 4.2-7 给水泵汽轮机排汽温度高Ⅱ值保护逻辑图

4.2.8 MEH 控制器供电电源 1 与供电电源 2 失电保护

MEH 控制器供电电源 1 与供电电源 2 失电保护逻辑图如图 4.2-8 所示。

图 4.2-8 MEH 控制器供电电源 1 与供电电源 2 失电保护逻辑图

4.2.9 锅炉 MFT 动作跳闸给水泵汽轮机保护

锅炉 MFT 动作跳闸给水泵汽轮机保护逻辑图如图 4.2-9 所示。

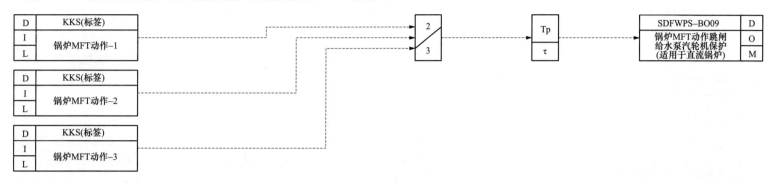

图 4.2-9 锅炉 MFT 动作跳闸给水泵汽轮机保护逻辑图

4.2.10 给水泵汽轮机轴承振动高Ⅱ值保护

给水泵汽轮机轴承振动高Ⅱ值保护逻辑图如图 4.2-10 所示。

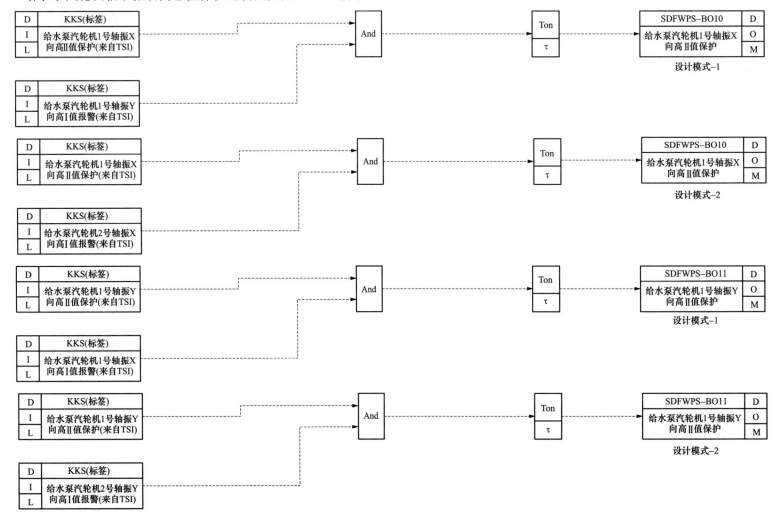

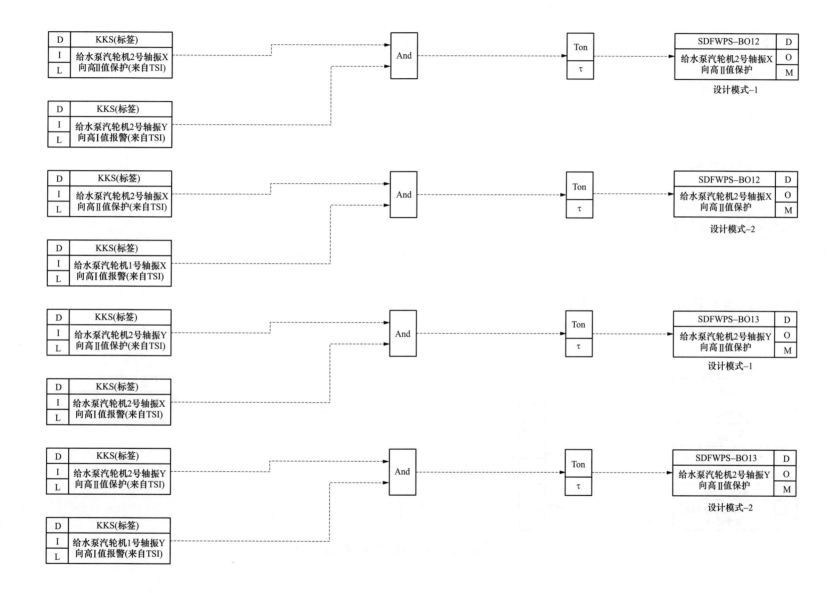

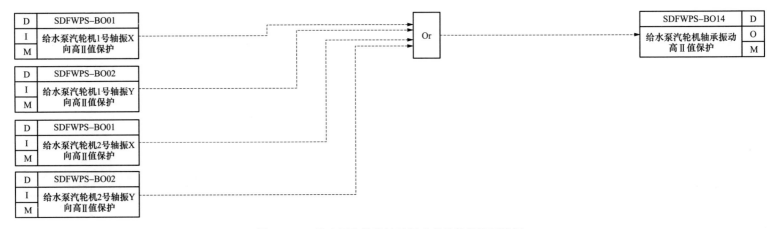

图 4.2-10　给水泵汽轮机轴承振动高Ⅱ值保护逻辑图

4.2.11　给水泵汽轮机支撑瓦温度高Ⅱ值保护

给水泵汽轮机支撑瓦温度高Ⅱ值保护逻辑图如图 4.2-11 所示。

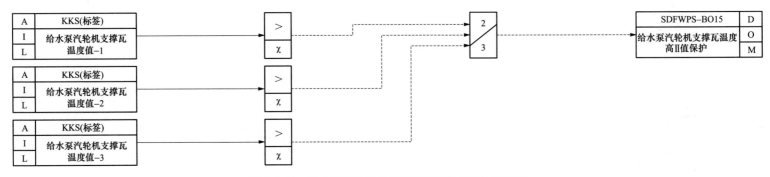

图 4.2-11　给水泵汽轮机支撑瓦温度高Ⅱ值保护逻辑图

4.2.12 给水泵汽轮机推力瓦（工作面）温度高Ⅱ值保护

给水泵汽轮机推力瓦（工作面）温度高Ⅱ值保护逻辑图如图 4.2-12 所示。

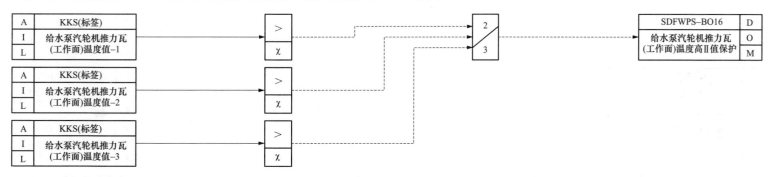

图 4.2-12　给水泵汽轮机推力瓦（工作面）温度高Ⅱ值保护逻辑图

4.2.13 给水泵汽轮机推力瓦（非工作面）温度高Ⅱ值保护

给水泵汽轮机推力瓦（非工作面）温度高Ⅱ值保护逻辑图如图 4.2-13 所示。

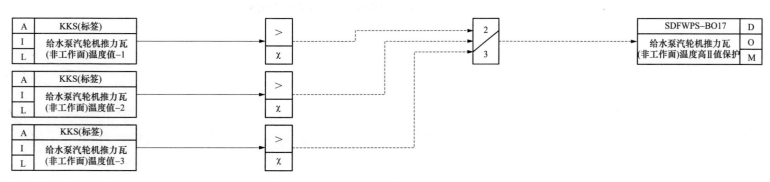

图 4.2-13　给水泵汽轮机推力瓦（非工作面）温度高Ⅱ值保护逻辑图

4.2.14 集控室手动按钮停给水泵汽轮机保护

集控室手动按钮停给水泵汽轮机保护逻辑图如图 4.2-14 所示。

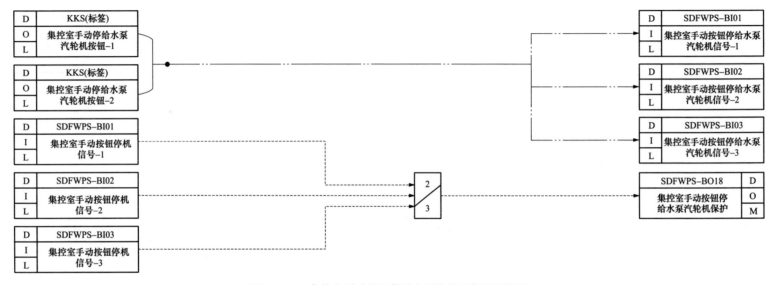

图 4.2-14　集控室手动按钮停给水泵汽轮机保护逻辑图

4.2.15 就地手动按钮停给水泵汽轮机保护

就地手动按钮停给水泵汽轮机保护逻辑图如图 4.2-15 所示。

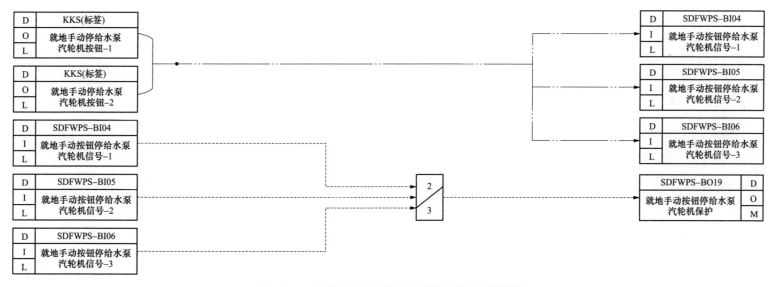

图 4.2-15 就地手动按钮停给水泵汽轮机保护逻辑图

4.2.16 给水泵汽轮机保护汇总

给水泵汽轮机保护汇总逻辑图如图 4.2-16 所示。

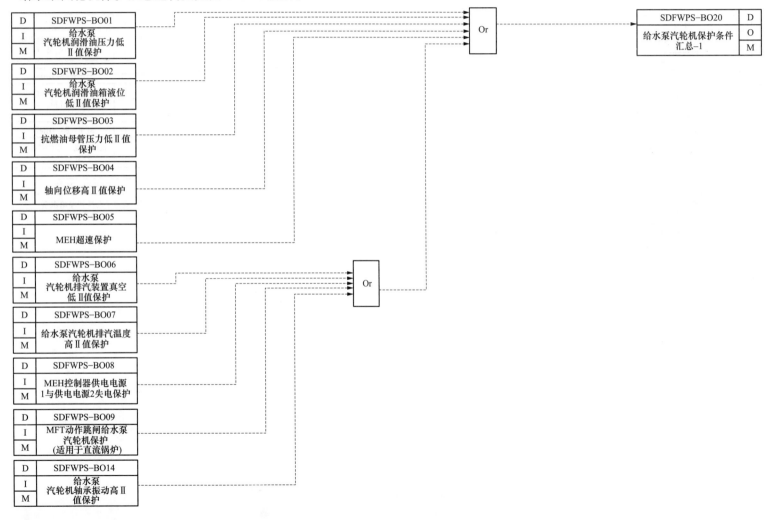

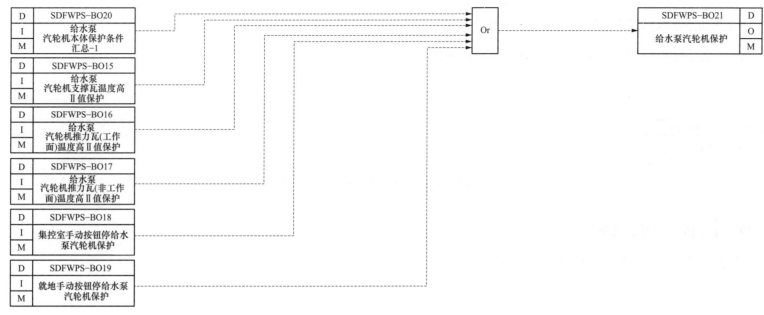

图 4.2-16　给水泵汽轮机保护汇总逻辑图

4.2.17　汽动给水泵前置泵运行且入口阀门未开

汽动给水泵前置泵运行且入口阀门未开逻辑图如图 4.2-17 所示。

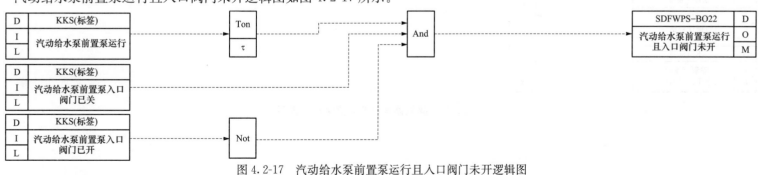

图 4.2-17　汽动给水泵前置泵运行且入口阀门未开逻辑图

4.2.18 汽动给水泵前置泵已停跳闸给水泵汽轮机保护

汽动给水泵前置泵已停跳闸给水泵汽轮机保护逻辑图如图 4.2-18 所示。

图 4.2-18 汽动给水泵前置泵已停跳闸给水泵汽轮机保护逻辑图

4.2.19 除氧器水位低Ⅱ值保护

除氧器水位低Ⅱ值保护逻辑图如图 4.2-19 所示。

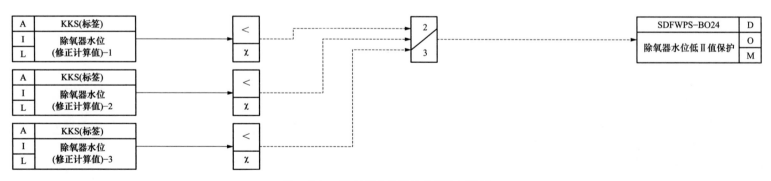

图 4.2-19 除氧器水位低Ⅱ值保护逻辑图

4.2.20 汽动给水泵前置泵驱动端轴承温度高Ⅱ值保护

汽动给水泵前置泵驱动端轴承温度高Ⅱ值保护逻辑图如图 4.2-20 所示。

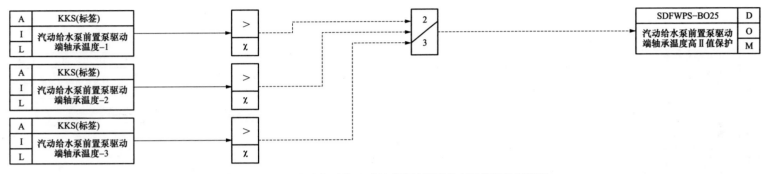

图 4.2-20 汽动给水泵前置泵驱动端轴承温度高Ⅱ值保护逻辑图

4.2.21 汽动给水泵前置泵非驱动端轴承温度高Ⅱ值保护

汽动给水泵前置泵非驱动端轴承温度高Ⅱ值保护逻辑图如图 4.2-21 所示。

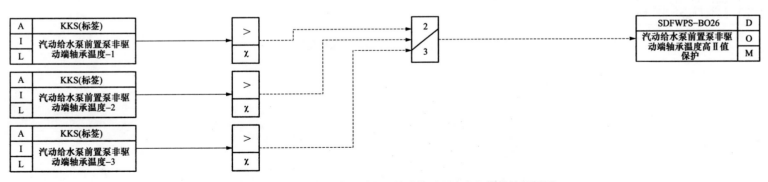

图 4.2-21 汽动给水泵前置泵非驱动端轴承温度高Ⅱ值保护逻辑图

4.2.22　汽动给水泵前置泵保护

汽动给水泵前置泵保护逻辑图如图 4.2-22 所示。

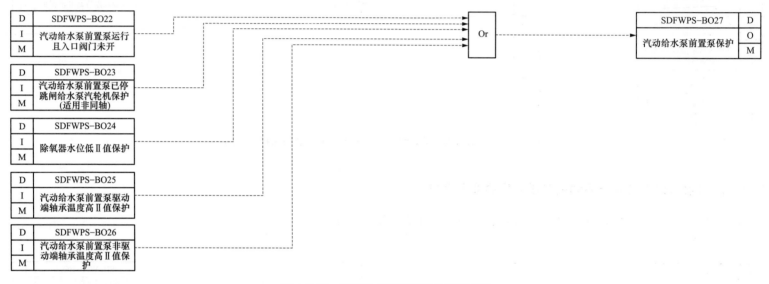

图 4.2-22　汽动给水泵前置泵保护逻辑图

4.2.23　汽动给水泵轴承振动高Ⅱ值保护

汽动给水泵轴承振动高Ⅱ值保护逻辑图如图 4.2-23 所示。

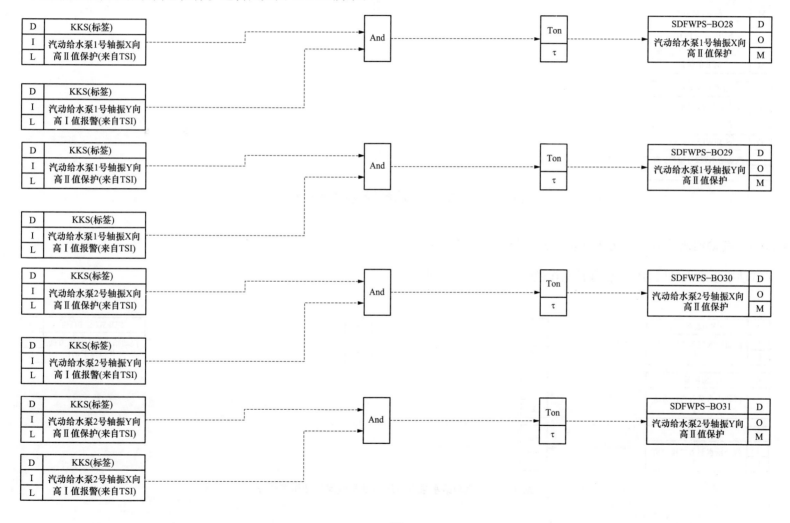

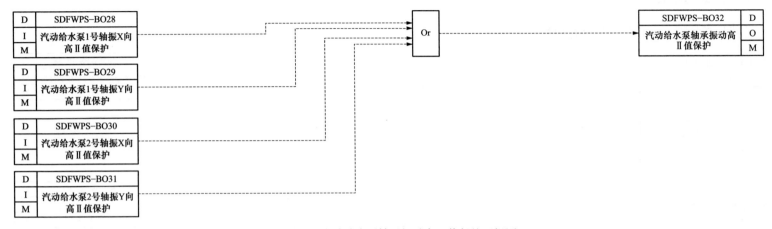

图 4.2-23　汽动给水泵轴承振动高Ⅱ值保护逻辑图

4.2.24　汽动给水泵入口压力低Ⅱ值保护动作

汽动给水泵入口压力低Ⅱ值保护动作逻辑图如图 4.2-24 所示。

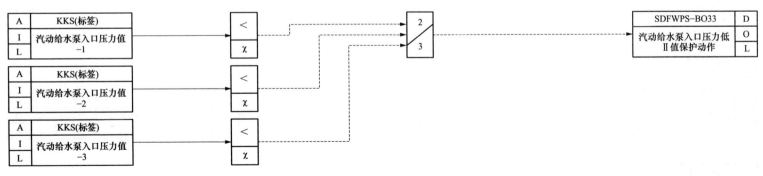

图 4.2-24　汽动给水泵入口压力低Ⅱ值保护动作逻辑图

4.2.25　汽动给水泵驱动端轴承温度高Ⅱ值保护

汽动给水泵驱动端轴承温度高Ⅱ值保护逻辑图如图 4.2-25 所示。

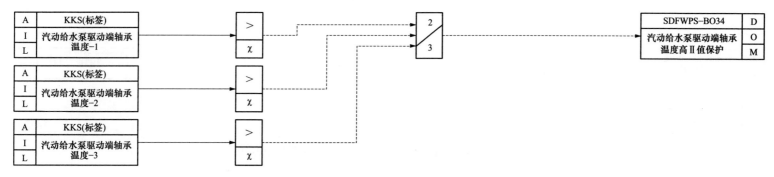

图 4.2-25　汽动给水泵驱动端轴承温度高Ⅱ值保护逻辑图

4.2.26　汽动给水泵非驱动端轴承温度高Ⅱ值保护

汽动给水泵非驱动端轴承温度高Ⅱ值保护逻辑图如图 4.2-26 所示。

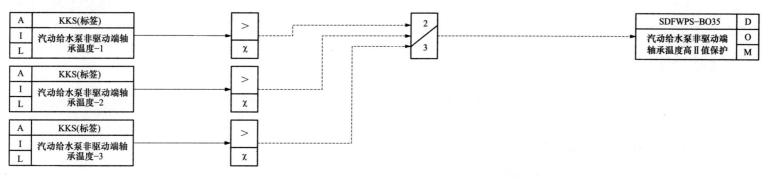

图 4.2-26　汽动给水泵非驱动端轴承温度高Ⅱ值保护逻辑图

4.2.27 汽动给水泵推力轴承（工作面）温度高Ⅱ值保护

汽动给水泵推力轴承（工作面）温度高Ⅱ值保护逻辑图如图 4.2-27 所示。

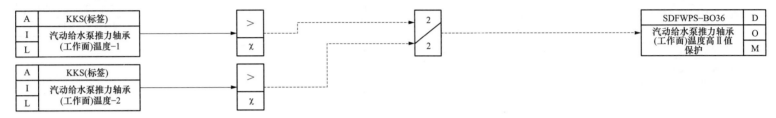

图 4.2-27　汽动给水泵推力轴承（工作面）温度高Ⅱ值保护逻辑图

4.2.28 汽动给水泵推力轴承（非工作面）温度高Ⅱ值保护

汽动给水泵推力轴承（非工作面）温度高Ⅱ值保护逻辑图如图 4.2-28 所示。

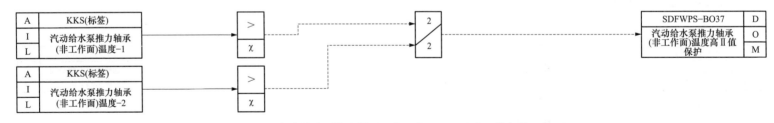

图 4.2-28　汽动给水泵推力轴承（非工作面）温度高Ⅱ值保护逻辑图

4.2.29 汽动给水泵运行入口流量低保护

汽动给水泵运行入口流量低保护逻辑图如图 4.2-29 所示。

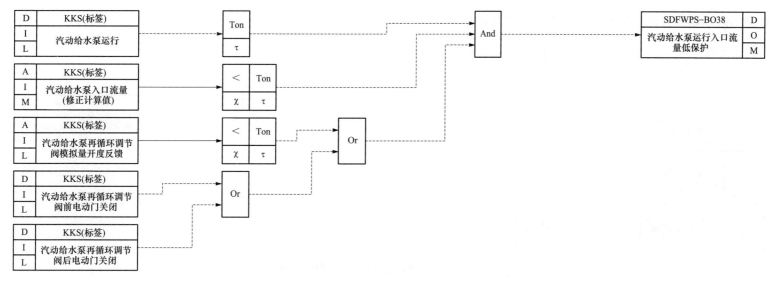

图 4.2-29 汽动给水泵运行入口流量低保护逻辑图

4.2.30 汽动给水泵入口侧机械密封循环液温度高 II 值保护

汽动给水泵入口侧机械密封循环液温度高 II 值保护逻辑图如图 4.2-30 所示。

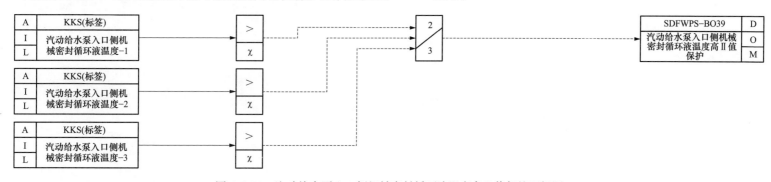

图 4.2-30 汽动给水泵入口侧机械密封循环液温度高 II 值保护逻辑图

4.2.31 汽动给水泵出口侧机械密封循环液温度高Ⅱ值保护

汽动给水泵出口侧机械密封循环液温度高Ⅱ值保护逻辑图如图 4.2-31 所示。

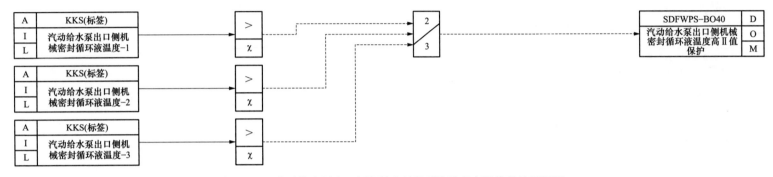

图 4.2-31 汽动给水泵出口侧机械密封循环液温度高Ⅱ值保护逻辑图

4.2.32 汽动给水泵组跳闸保护汇总

汽动给水泵组跳闸保护汇总逻辑图如图 4.2-32 所示。

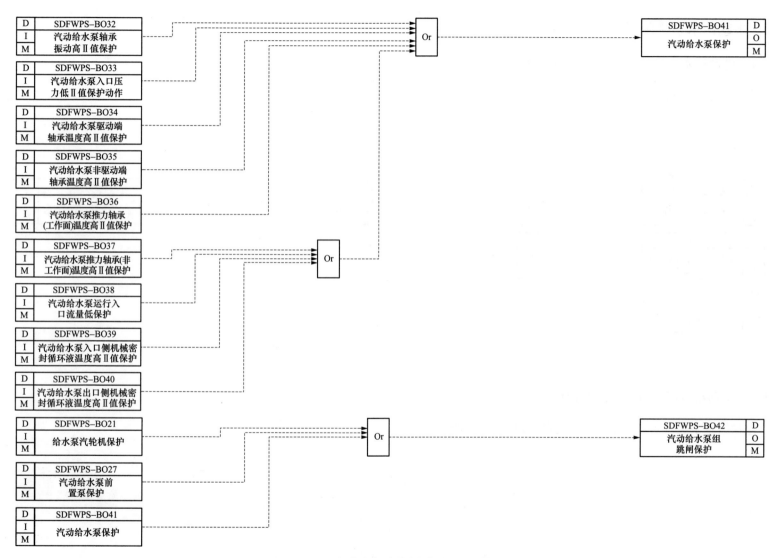

图 4.2-32　汽动给水泵组跳闸保护汇总逻辑图

4.3 电动给水泵跳闸保护

4.3.1 电动给水泵运行前置泵入口门关保护

电动给水泵运行前置泵入口门关保护逻辑图如图 4.3-1 所示。

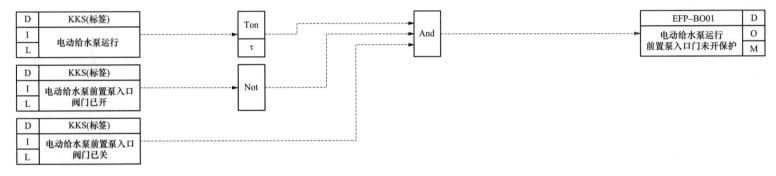

图 4.3-1 电动给水泵运行前置泵入口门未开保护逻辑图

4.3.2 电动给水泵运行入口流量低保护

电动给水泵运行入口流量低保护逻辑图如图 4.3-2 所示。

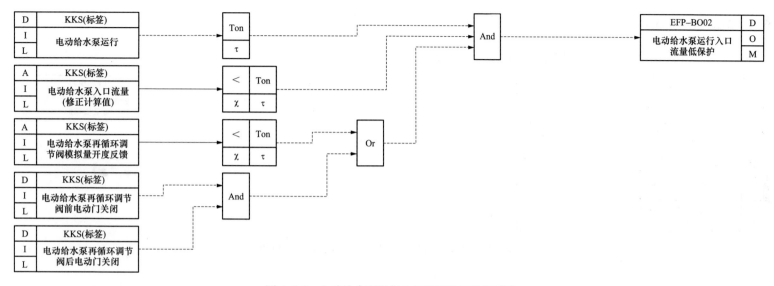

图 4.3-2　电动给水泵运行入口流量低保护逻辑图

4.3.3　电动给水泵润滑油压力低Ⅱ值保护

电动给水泵润滑油压力低Ⅱ值保护逻辑图如图 4.3-3 所示。

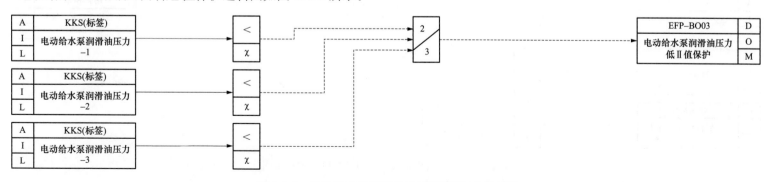

图 4.3-3　电动给水泵润滑油压力低Ⅱ值保护逻辑图

4.3.4 电动给水泵工作油压力低Ⅱ值保护

电动给水泵工作油压力低Ⅱ值保护逻辑图如图 4.3-4 所示。

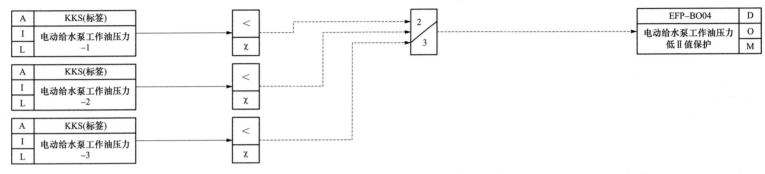

图 4.3-4　电动给水泵工作油压力低Ⅱ值保护逻辑图

4.3.5 电动给水泵入口压力低Ⅱ值保护

电动给水泵入口压力低Ⅱ值保护逻辑图如图 4.3-5 所示。

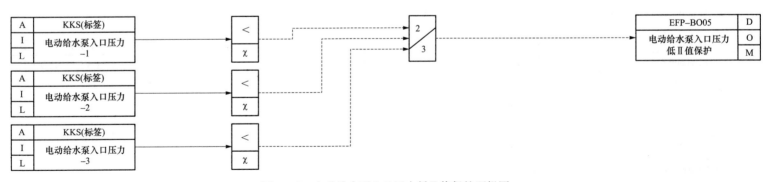

图 4.3-5　电动给水泵入口压力低Ⅱ值保护逻辑图

4.3.6 电动给水泵电动机 A 相绕组温度高Ⅱ值保护

电动给水泵电动机 A 相绕组温度高Ⅱ值保护逻辑图如图 4.3-6 所示。

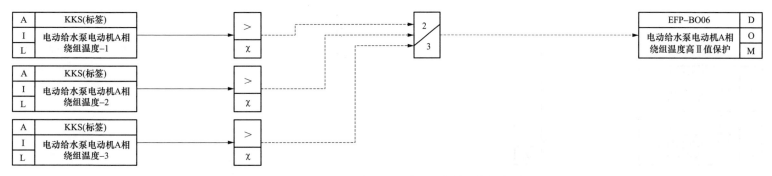

图 4.3-6 电动给水泵电动机 A 相绕组温度高Ⅱ值保护逻辑图

4.3.7 电动给水泵电动机 B 相绕组温度高Ⅱ值保护

电动给水泵电动机 B 相绕组温度高Ⅱ值保护逻辑图如图 4.3-7 所示。

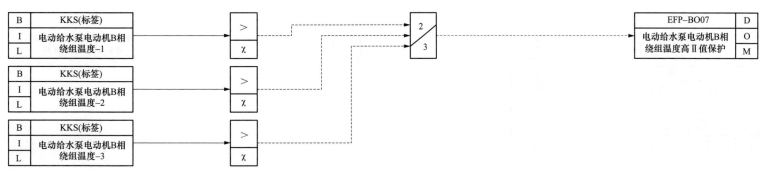

图 4.3-7 电动给水泵电动机 B 相绕组温度高Ⅱ值保护逻辑图

4.3.8　电动给水泵电动机 C 相绕组温度高 II 值保护

电动给水泵电动机 C 相绕组温度高 II 值保护逻辑图如图 4.3-8 所示。

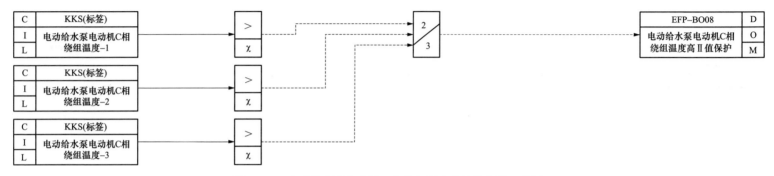

图 4.3-8　电动给水泵电动机 C 相绕组温度高 II 值保护逻辑图

4.3.9　电动给水泵电动机驱动端轴承温度高 II 值保护

电动给水泵电动机驱动端轴承温度高 II 值保护逻辑图如图 4.3-9 所示。

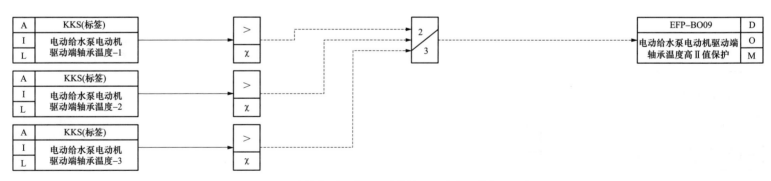

图 4.3-9　电动给水泵电动机驱动端轴承温度高 II 值保护逻辑图

4.3.10 电动给水泵电动机非驱动端轴承温度高Ⅱ值保护

电动给水泵电动机非驱动端轴承温度高Ⅱ值保护逻辑图如图 4.3-10 所示。

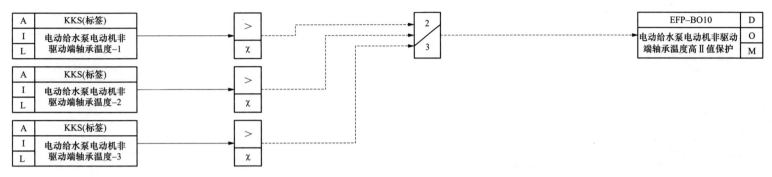

图 4.3-10 电动给水泵电动机非驱动端轴承温度高Ⅱ值保护逻辑图

4.3.11 除氧器水位低Ⅱ值保护

除氧器水位低Ⅱ值保护逻辑图如图 4.3-11 所示。

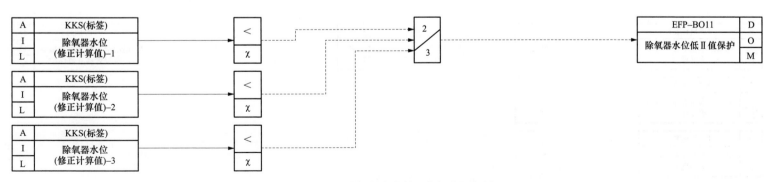

图 4.3-11 除氧器水位低Ⅱ值保护逻辑图

4.3.12　电动给水泵驱动端轴承温度高Ⅱ值保护

电动给水泵驱动端轴承温度高Ⅱ值保护逻辑图如图 4.3-12 所示。

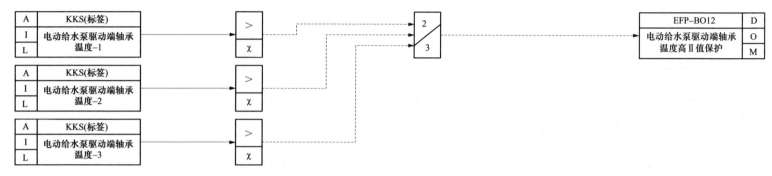

图 4.3-12　电动给水泵驱动端轴承温度高Ⅱ值保护逻辑图

4.3.13　电动给水泵非驱动端轴承温度高Ⅱ值保护

电动给水泵非驱动端轴承温度高Ⅱ值保护逻辑图如图 4.3-13 所示。

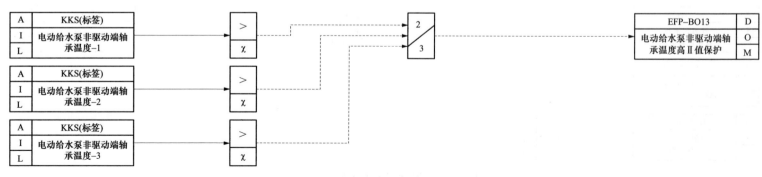

图 4.3-13　电动给水泵非驱动端轴承温度高Ⅱ值保护逻辑图

4.3.14 电动给水泵推力轴承（工作面）温度高Ⅱ值保护

电动给水泵推力轴承（工作面）温度高Ⅱ值保护逻辑图如图 4.3-14 所示。

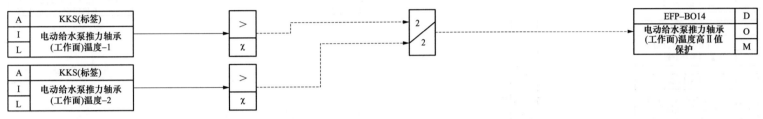

图 4.3-14 电动给水泵推力轴承（工作面）温度高Ⅱ值保护逻辑图

4.3.15 电动给水泵推力轴承（非工作面）温度高Ⅱ值保护

电动给水泵推力轴承（非工作面）温度高Ⅱ值保护逻辑图如图 4.3-15 所示。

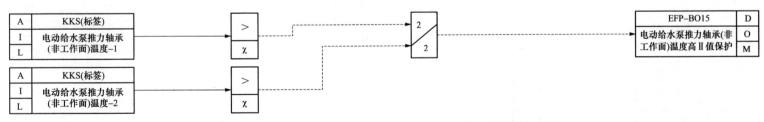

图 4.3-15 电动给水泵推力轴承（非工作面）温度高Ⅱ值保护逻辑图

4.3.16 电动给水泵入口侧机械密封循环液温度高Ⅱ值保护

电动给水泵入口侧机械密封循环液温度高Ⅱ值保护逻辑图如图 4.3-16 所示。

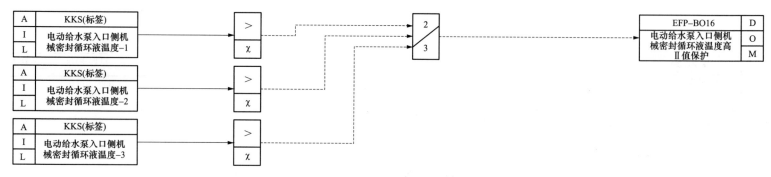

图 4.3-16 电动给水泵入口侧机械密封循环液温度高Ⅱ值保护逻辑图

4.3.17 电动给水泵出口侧机械密封循环液温度高Ⅱ值保护

电动给水泵出口侧机械密封循环液温度高Ⅱ值保护逻辑图如图 4.3-17 所示。

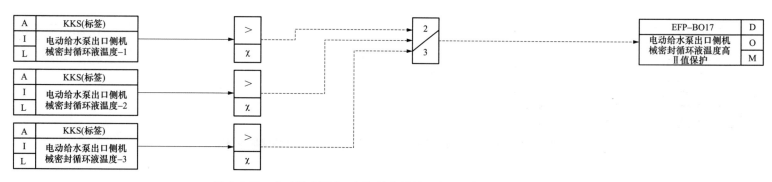

图 4.3-17 电动给水泵出口侧机械密封循环液温度高Ⅱ值保护逻辑图

4.3.18　电动给水泵前置泵驱动端轴承温度高Ⅱ值保护

电动给水泵前置泵驱动端轴承温度高Ⅱ值保护逻辑图如图 4.3-18 所示。

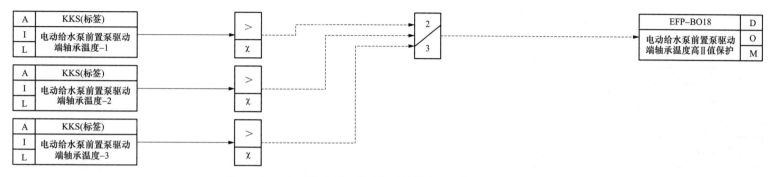

图 4.3-18　电动给水泵前置泵驱动端轴承温度高Ⅱ值保护逻辑图

4.3.19　电动给水泵前置泵非驱动端轴承温度高Ⅱ值保护

电动给水泵前置泵非驱动端轴承温度高Ⅱ值保护逻辑图如图 4.3-19 所示。

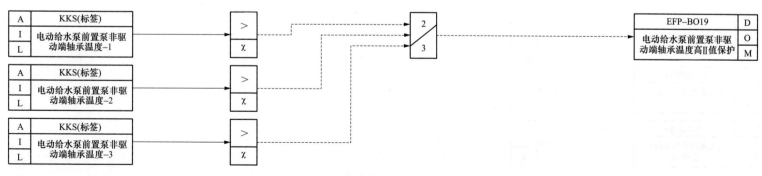

图 4.3-19　电动给水泵前置泵非驱动端轴承温度高Ⅱ值保护逻辑图

4.3.20 液力耦合器轴承温度高Ⅱ值保护

液力耦合器轴承温度高Ⅱ值保护逻辑图如图 4.3-20 所示。

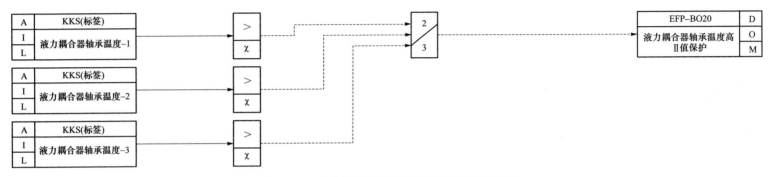

图 4.3-20 液力耦合器轴承温度高Ⅱ值保护逻辑图

4.3.21 液力耦合器推力轴承温度高Ⅱ值保护

液力耦合器推力轴承温度高Ⅱ值保护逻辑图如图 4.3-21 所示。

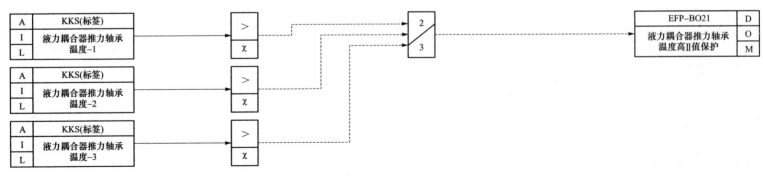

图 4.3-21 液力耦合器推力轴承温度高Ⅱ值保护逻辑图

4.3.22 电动给水泵液力耦合器工作油冷油器进口温度高Ⅱ值保护

电动给水泵液力耦合器工作油冷油器进口温度高Ⅱ值保护逻辑图如图 4.3-22 所示。

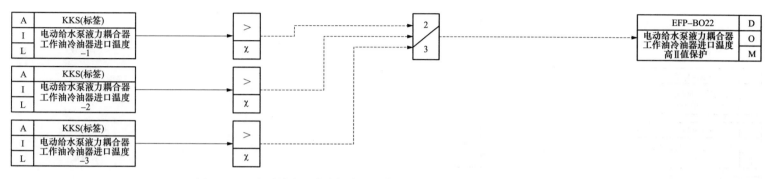

图 4.3-22 电动给水泵液力耦合器工作油冷油器进口温度高Ⅱ值保护逻辑图

4.3.23 电动给水泵液力耦合器润滑油冷油器出口温度高Ⅱ值保护

电动给水泵液力耦合器润滑油冷油器出口温度高Ⅱ值保护逻辑图如图 4.3-23 所示。

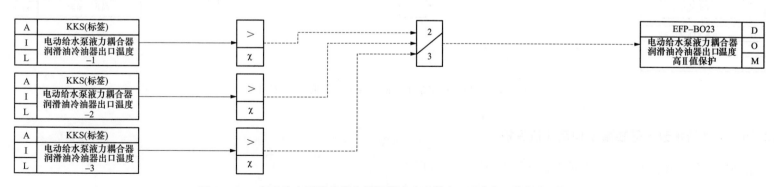

图 4.3-23 电动给水泵液力耦合器润滑油冷油器出口温度高Ⅱ值保护逻辑图

4.3.24 电动给水泵 1 号轴振 X 向高 Ⅱ 值保护

电动给水泵 1 号轴振 X 向高 Ⅱ 值保护逻辑图如图 4.3-24 所示。

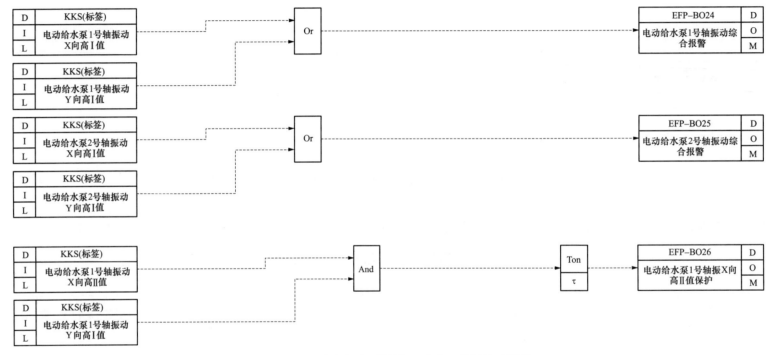

图 4.3-24 电动给水泵 1 号轴振 X 向高 Ⅱ 值保护逻辑图

4.3.25 电动给水泵 1 号轴振 Y 向高 Ⅱ 值保护

电动给水泵 1 号轴振 Y 向高 Ⅱ 值保护逻辑图如图 4.3-25 所示。

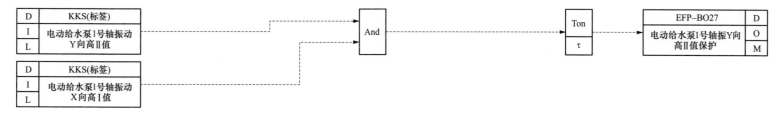

图 4.3-25　电动给水泵 1 号轴振 Y 向高 Ⅱ 值保护逻辑图

4.3.26　电动给水泵 2 号轴振 X 向高 Ⅱ 值保护

电动给水泵 2 号轴振 X 向高 Ⅱ 值保护逻辑图如图 4.3-26 所示。

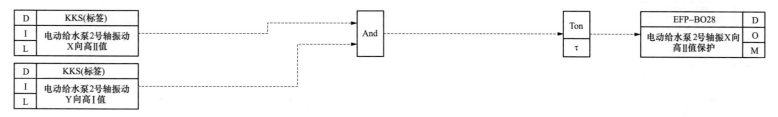

图 4.3-26　电动给水泵 2 号轴振 X 向高 Ⅱ 值保护逻辑图

4.3.27　电动给水泵 2 号轴振 Y 向高 Ⅱ 值保护

电动给水泵 2 号轴振 Y 向高 Ⅱ 值保护逻辑图如图 4.3-27 所示。

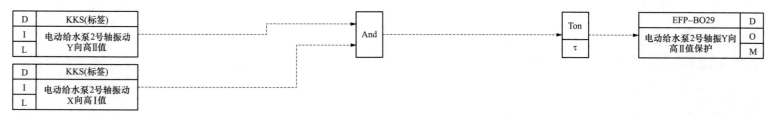

图 4.3-27　电动给水泵 2 号轴振 Y 向高 Ⅱ 值保护逻辑图

4.3.28 电动给水泵跳闸保护汇总

电动给水泵跳闸保护汇总逻辑图如图 4.3-28 所示。

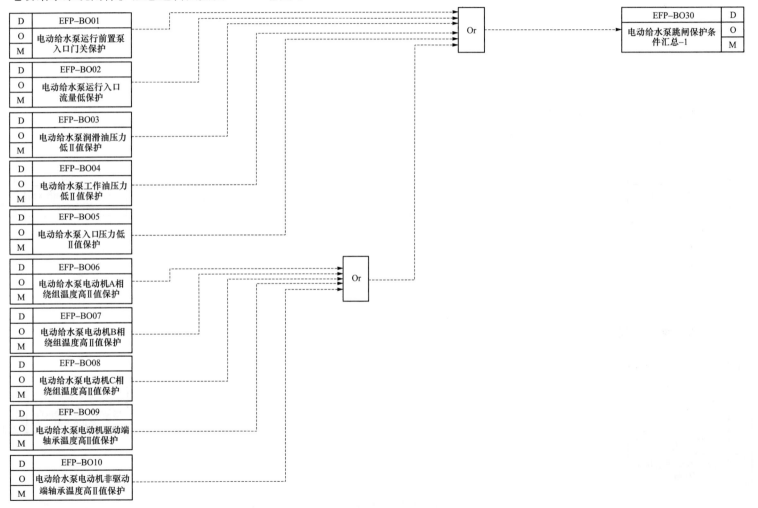

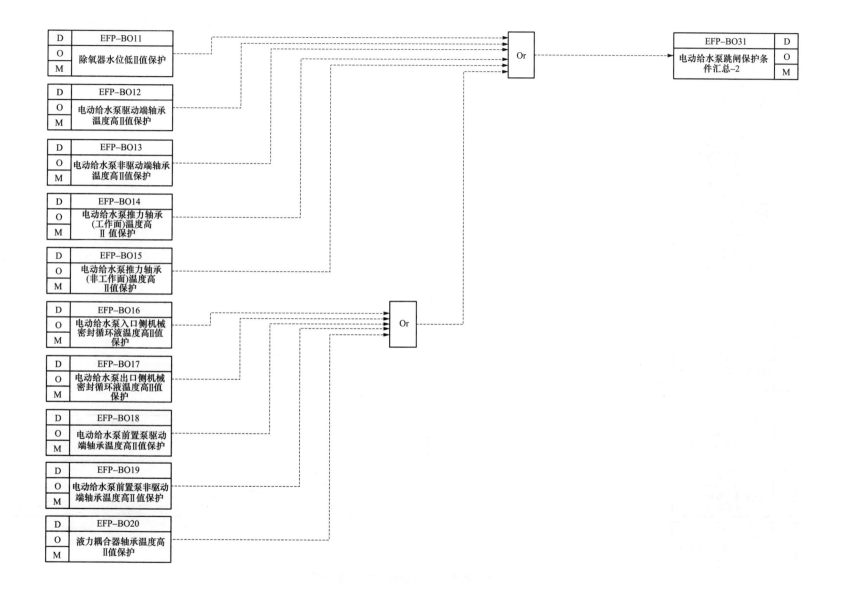

D	EFP-BO11
O	除氧器水位低Ⅱ值保护
M	

D	EFP-BO12
O	电动给水泵驱动端轴承温度高Ⅱ值保护
M	

D	EFP-BO13
O	电动给水泵非驱动端轴承温度高Ⅱ值保护
M	

D	EFP-BO14
O	电动给水泵推力轴承(工作面)温度高Ⅱ值保护
M	

D	EFP-BO15
O	电动给水泵推力轴承(非工作面)温度高Ⅱ值保护
M	

D	EFP-BO16
O	电动给水泵入口侧机械密封循环液温度高Ⅱ值保护
M	

D	EFP-BO17
O	电动给水泵出口侧机械密封循环液温度高Ⅱ值保护
M	

D	EFP-BO18
O	电动给水泵前置泵驱动端轴承温度高Ⅱ值保护
M	

D	EFP-BO19
O	电动给水泵前置泵非驱动端轴承温度高Ⅱ值保护
M	

D	EFP-BO20
O	液力耦合器轴承温度高Ⅱ值保护
M	

EFP-BO31	D
电动给水泵跳闸保护条件汇总-2	O
	M

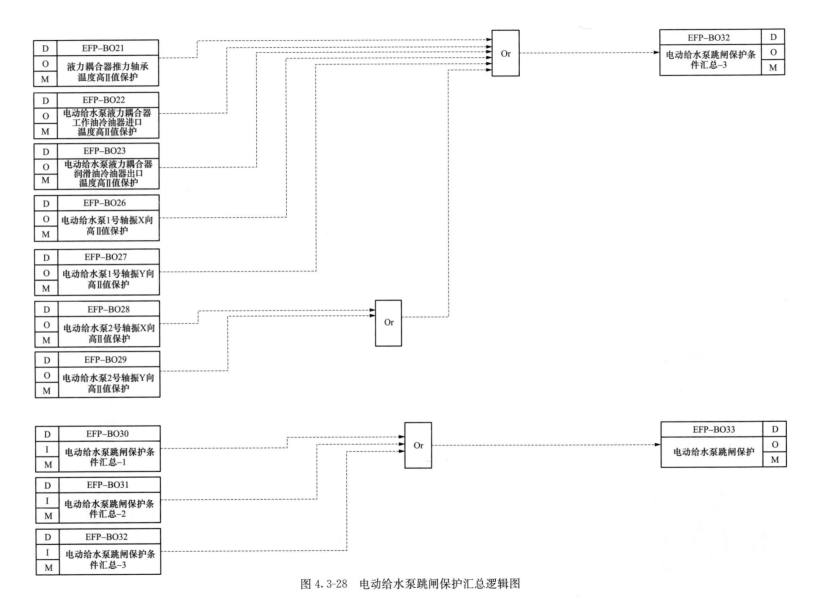

図 4.3-28　电动给水泵跳闸保护汇总逻辑图

4.4 凝结水泵跳闸保护

4.4.1 凝结水泵运行出口门关保护

凝结水泵运行出口门关保护逻辑图如图 4.4-1 所示。

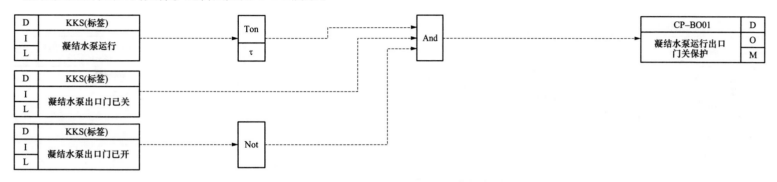

图 4.4-1 凝结水泵运行出口门关保护逻辑图

4.4.2 凝结水泵运行入口门关保护

凝结水泵运行入口门关保护逻辑图如图 4.4-2 所示。

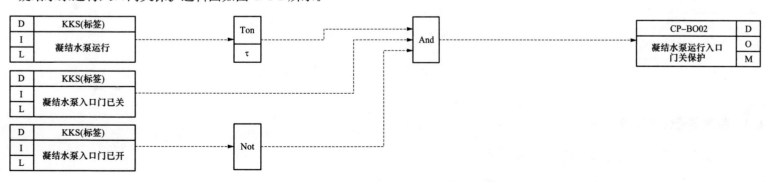

图 4.4-2 凝结水泵运行入口门关保护逻辑图

4.4.3 凝结水泵工频运行出口流量低保护

凝结水泵工频运行出口流量低保护逻辑图如图 4.4-3 所示。

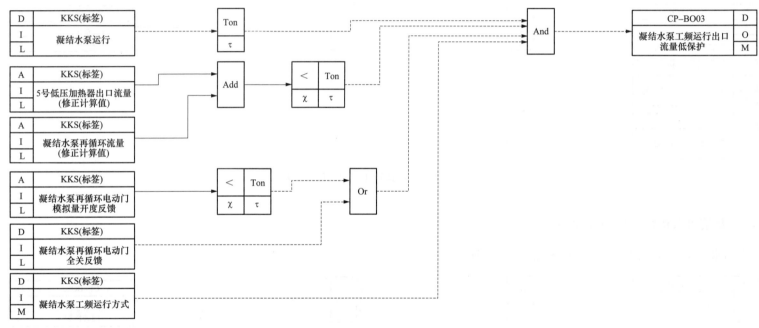

图 4.4-3 凝结水泵工频运行出口流量低保护逻辑图

4.4.4 凝汽器液位低 Ⅱ 值保护

凝汽器液位低 Ⅱ 值保护逻辑图如图 4.4-4 所示。

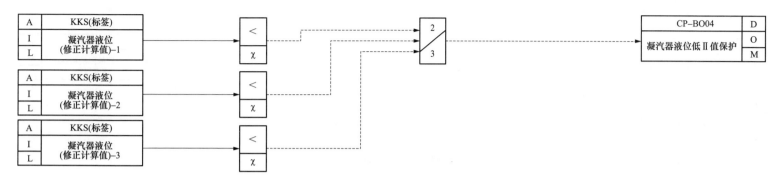

图 4.4-4　凝汽器液位低Ⅱ值保护逻辑图

4.4.5　凝结水泵轴承温度高Ⅱ值保护

凝结水泵轴承温度高Ⅱ值保护逻辑图如图 4.4-5 所示。

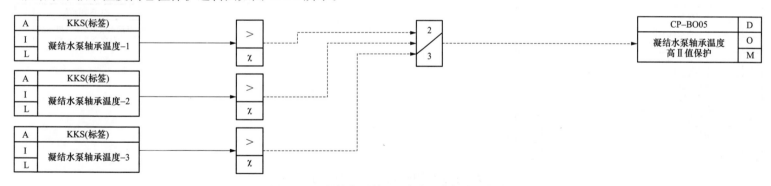

图 4.4-5　凝结水泵轴承温度高Ⅱ值保护逻辑图

4.4.6　变频器故障跳闸凝结水泵保护

变频器故障跳闸凝结水泵保护逻辑图如图 4.4-6 所示。

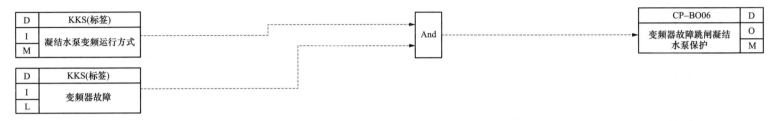

图 4.4-6　变频器故障跳闸凝结水泵保护逻辑图

4.4.7　凝结水泵电动机 A 相绕组温度高Ⅱ值保护

凝结水泵电动机 A 相绕组温度高Ⅱ值保护逻辑图如图 4.4-7 所示。

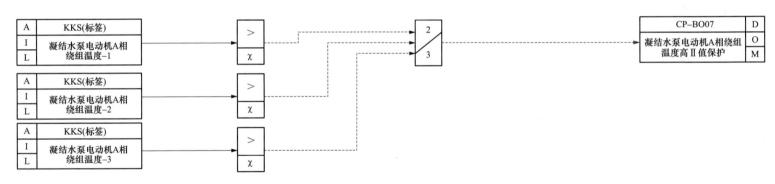

图 4.4-7　凝结水泵电动机 A 相绕组温度高Ⅱ值保护逻辑图

4.4.8　凝结水泵电动机 B 相绕组温度高Ⅱ值保护

凝结水泵电动机 B 相绕组温度高Ⅱ值保护逻辑图如图 4.4-8 所示。

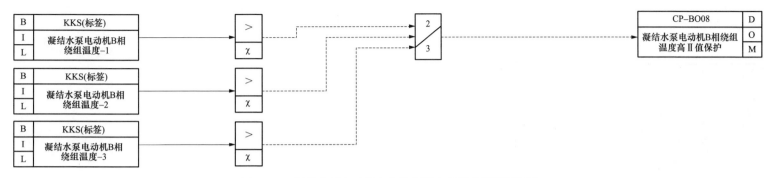

图 4.4-8   凝结水泵电动机 B 相绕组温度高 II 值保护逻辑图

4.4.9   凝结水泵电动机 C 相绕组温度高 II 值保护

凝结水泵电动机 C 相绕组温度高 II 值保护逻辑图如图 4.4-9 所示。

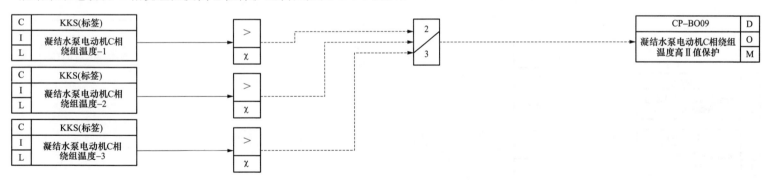

图 4.4-9   凝结水泵电动机 C 相绕组温度高 II 值保护逻辑图

4.4.10   凝结水泵电动机驱动端轴承温度高 II 值保护

凝结水泵电动机驱动端轴承温度高 II 值保护逻辑图如图 4.4-10 所示。

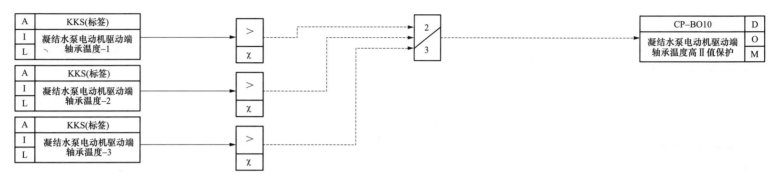

图 4.4-10　凝结水泵电动机驱动端轴承温度高Ⅱ值保护逻辑图

4.4.11　凝结水泵电动机非驱动端轴承温度高Ⅱ值保护

凝结水泵电动机非驱动端轴承温度高Ⅱ值保护逻辑图如图 4.4-11 所示。

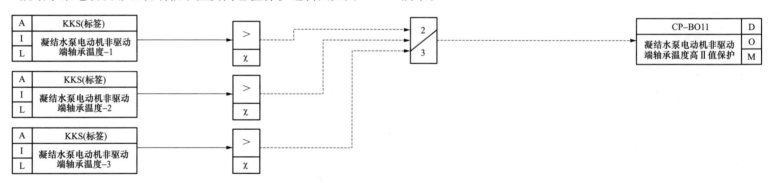

图 4.4-11　凝结水泵电动机非驱动端轴承温度高Ⅱ值保护逻辑图

4.4.12　凝结水泵跳闸保护汇总

凝结水泵跳闸保护汇总逻辑图如图 4.4-12 所示。

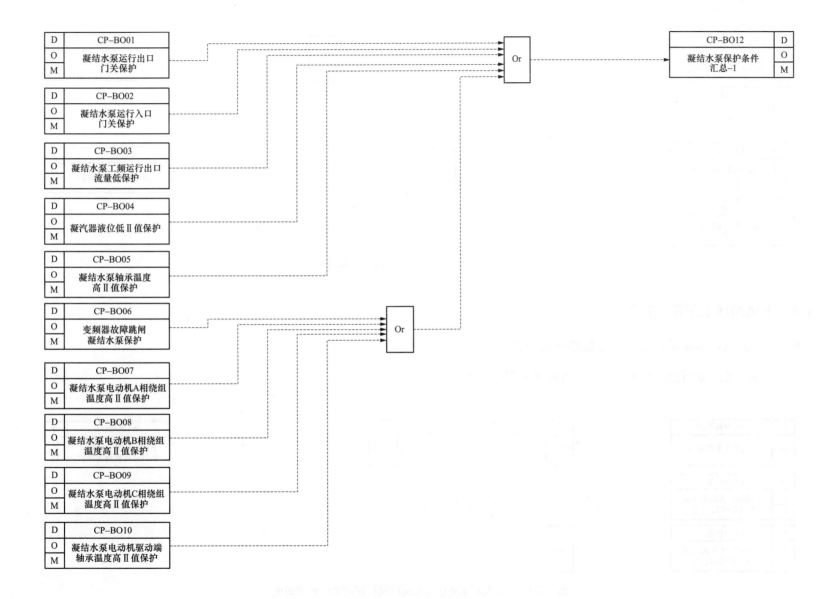

D	CP-BO01
O	凝结水泵运行出口
M	门关保护

D	CP-BO02
O	凝结水泵运行入口
M	门关保护

D	CP-BO03
O	凝结水泵工频运行出口
M	流量低保护

D	CP-BO04
O	凝汽器液位低Ⅱ值保护
M	

D	CP-BO05
O	凝结水泵轴承温度
M	高Ⅱ值保护

D	CP-BO06
O	变频器故障跳闸
M	凝结水泵保护

D	CP-BO07
O	凝结水泵电动机A相绕组
M	温度高Ⅱ值保护

D	CP-BO08
O	凝结水泵电动机B相绕组
M	温度高Ⅱ值保护

D	CP-BO09
O	凝结水泵电动机C相绕组
M	温度高Ⅱ值保护

D	CP-BO10
O	凝结水泵电动机驱动端
M	轴承温度高Ⅱ值保护

CP-BO12	D
凝结水泵保护条件	O
汇总-1	M

Or

Or

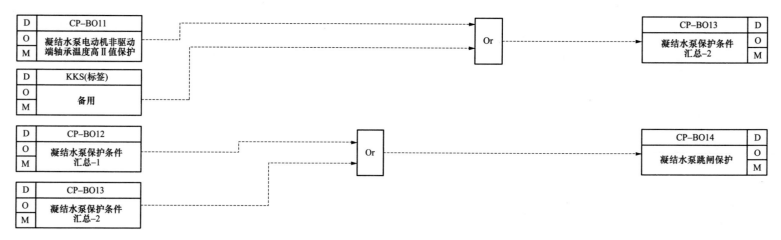

图 4.4-12 凝结水泵跳闸保护汇总逻辑图

4.5 主机循环水泵跳闸保护

4.5.1 主机循环水泵运行且出口液控蝶阀关保护

主机循环水泵运行且出口液控蝶阀关保护逻辑图如图 4.5-1 所示。

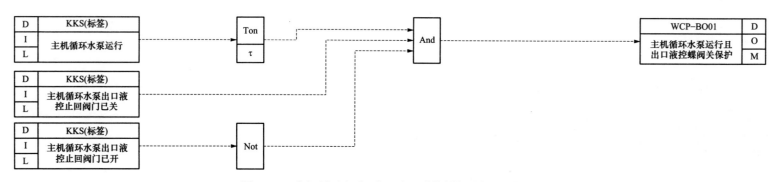

图 4.5-1 主机循环水泵运行且出口液控蝶阀关保护逻辑图

4.5.2 主机循环水泵运行且入口门关保护

主机循环水泵运行且入口门关保护逻辑图如图 4.5-2 所示。

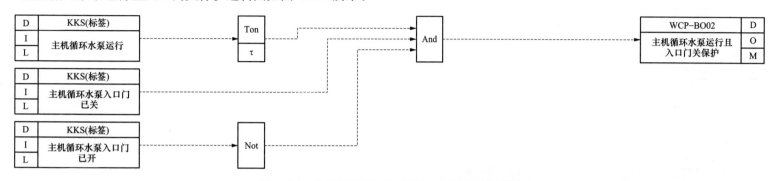

图 4.5-2 主机循环水泵运行且入口门关保护逻辑图

4.5.3 主机循环水泵运行且空冷紧急放水开保护

主机循环水泵运行且空冷紧急放水开保护逻辑图如图 4.5-3 所示。

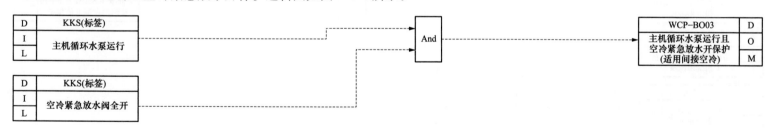

图 4.5-3 主机循环水泵运行且空冷紧急放水开保护逻辑图

4.5.4 主机循环水泵电动机 A 相绕组温度高Ⅱ值保护

主机循环水泵电动机 A 相绕组温度高Ⅱ值保护逻辑图如图 4.5-4 所示。

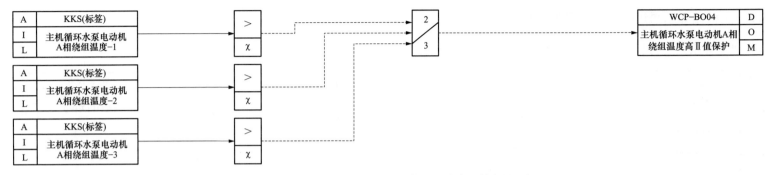

图 4.5-4　主机循环水泵电动机 A 相绕组温度高 Ⅱ 值保护逻辑图

4.5.5　主机循环水泵电动机 B 相绕组温度高 Ⅱ 值保护

主机循环水泵电动机 B 相绕组温度高 Ⅱ 值保护逻辑图如图 4.5-5 所示。

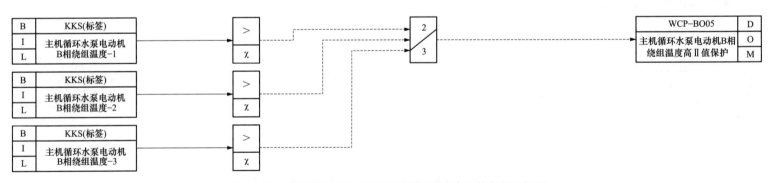

图 4.5-5　主机循环水泵电动机 B 相绕组温度高 Ⅱ 值保护逻辑图

4.5.6　主机循环水泵电动机 C 相绕组温度高 Ⅱ 值保护

主机循环水泵电动机 C 相绕组温度高 Ⅱ 值保护逻辑图如图 4.5-6 所示。

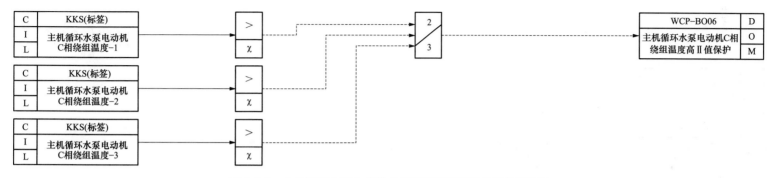

图 4.5-6　主机循环水泵电动机 C 相绕组温度高 II 值保护逻辑图

4.5.7　主机循环水泵电动机驱动端轴承温度高 II 值保护

主机循环水泵电动机驱动端轴承温度高 II 值保护逻辑图如图 4.5-7 所示。

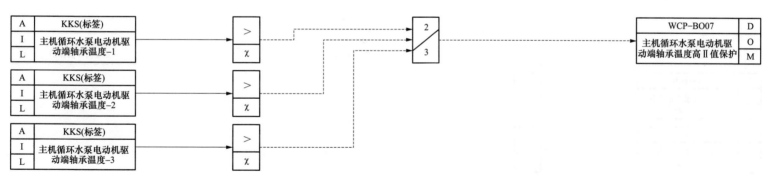

图 4.5-7　主机循环水泵电动机驱动端轴承温度高 II 值保护逻辑图

4.5.8　主机循环水泵电动机非驱动端轴承温度高 II 值保护

主机循环水泵电动机非驱动端轴承温度高 II 值保护逻辑图如图 4.5-8 所示。

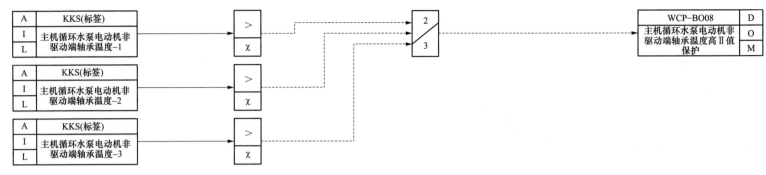

图 4.5-8　主机循环水泵电动机非驱动端轴承温度高Ⅱ值保护逻辑图

4.5.9　主机循环水泵推力轴承温度高Ⅱ值保护

主机循环水泵推力轴承温度高Ⅱ值保护逻辑图如图 4.5-9 所示。

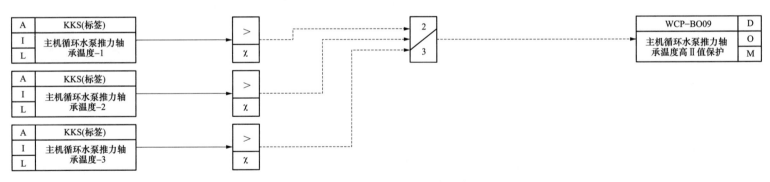

图 4.5-9　主机循环水泵推力轴承温度高Ⅱ值保护逻辑图

4.5.10　主机循环水泵驱动端轴承温度高Ⅱ值保护

主机循环水泵驱动端轴承温度高Ⅱ值保护逻辑图如图 4.5-10 所示。

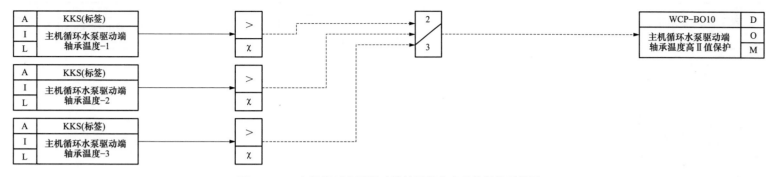

图 4.5-10　主机循环水泵驱动端轴承温度高Ⅱ值保护逻辑图

4.5.11　主机循环水泵非驱动端轴承温度高Ⅱ值保护

主机循环水泵非驱动端轴承温度高Ⅱ值保护逻辑图如图 4.5-11 所示。

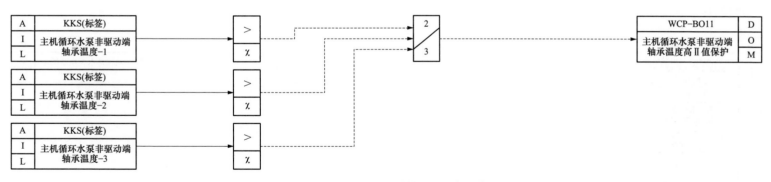

图 4.5-11　主机循环水泵非驱动端轴承温度高Ⅱ值保护逻辑图

4.5.12　主机循环水泵电动机驱动端轴振保护

主机循环水泵电动机驱动端轴振保护逻辑图如图 4.5-12 所示。

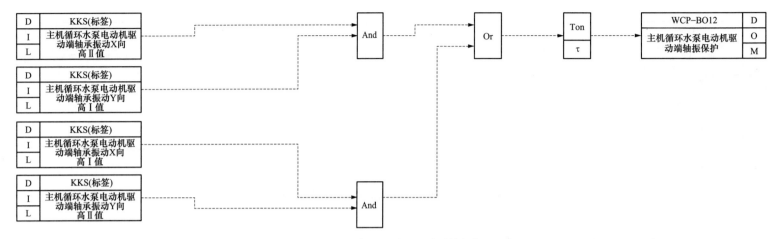

图 4.5-12　主机循环水泵电动机驱动端轴振保护逻辑图

4.5.13　主机循环水泵电动机非驱动端轴振保护

主机循环水泵电动机非驱动端轴振保护逻辑图如图 4.5-13 所示。

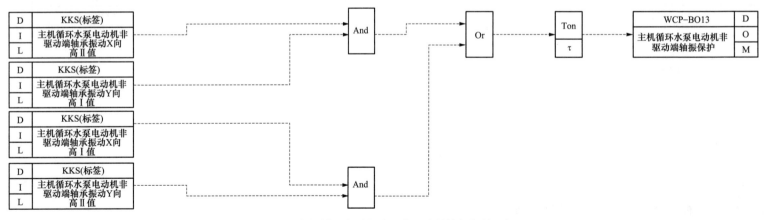

图 4.5-13　主机循环水泵电动机非驱动端轴振保护逻辑图

4.5.14 主机循环水泵驱动端轴振动保护

主机循环水泵驱动端轴振动保护逻辑图如图 4.5-14 所示。

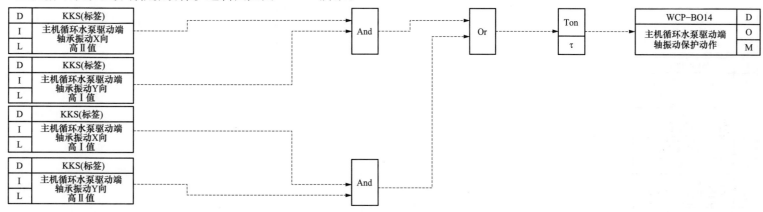

图 4.5-14 主机循环水泵驱动端轴振动保护逻辑图

4.5.15 主机循环水泵非驱动端轴振动保护

主机循环水泵非驱动端轴振动保护逻辑图如图 4.5-15 所示。

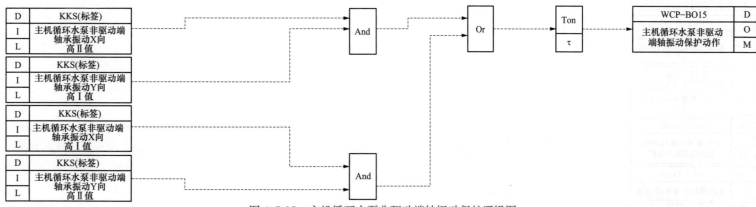

图 4.5-15 主机循环水泵非驱动端轴振动保护逻辑图

4.5.16 主机循环水泵跳闸保护汇总

主机循环水泵跳闸保护汇总逻辑图如图 4.5-16 所示。

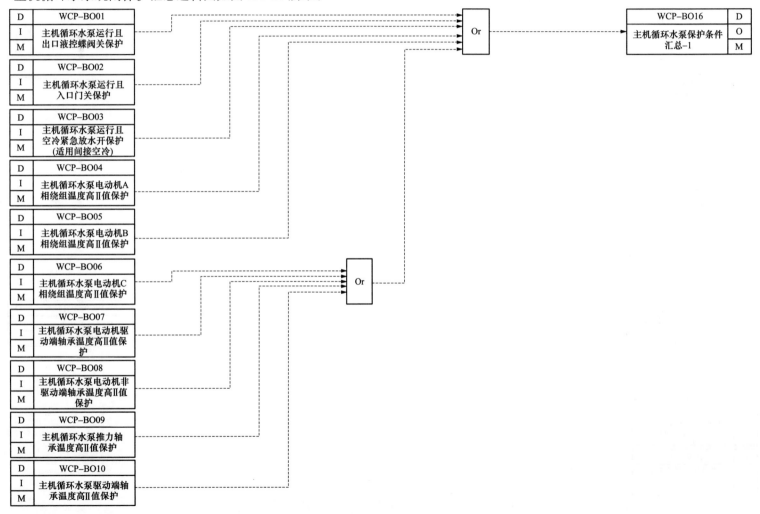

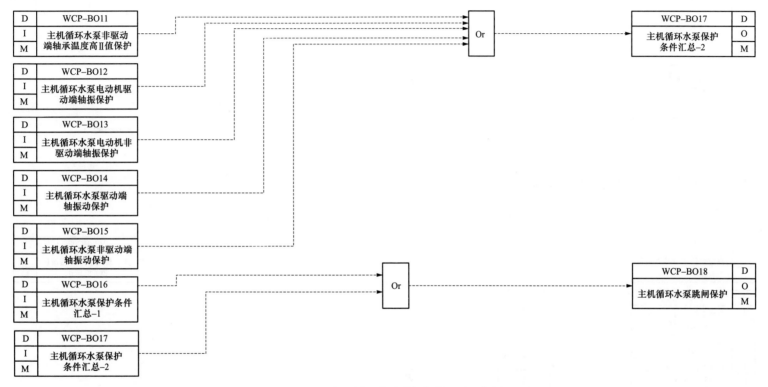

图 4.5-16　主机循环水泵跳闸保护汇总逻辑图

4.6　真空泵跳闸保护

4.6.1　真空泵运行且入口阀门未开保护

真空泵运行且入口阀门未开保护逻辑图如图 4.6-1 所示。

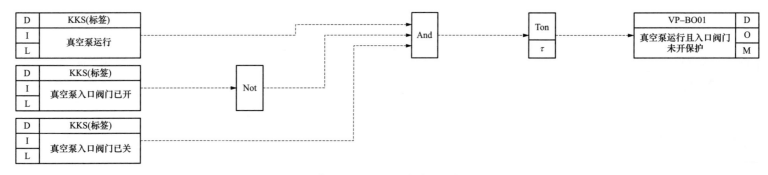

图 4.6-1　真空泵运行且入口阀门未开保护逻辑图

4.6.2　真空泵汽水分离器液位低Ⅱ值保护

真空泵汽水分离器液位低Ⅱ值保护逻辑图如图 4.6-2 所示。

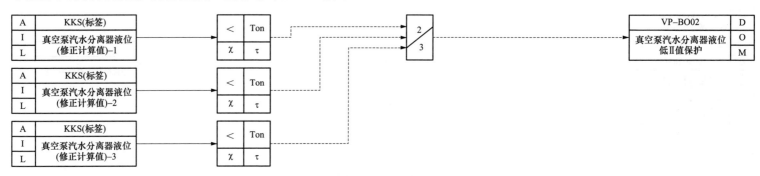

图 4.6-2　真空泵汽水分离器液位低Ⅱ值保护逻辑图

4.6.3　真空泵电动机驱动端轴承温度高Ⅱ值保护

真空泵电动机驱动端轴承温度高Ⅱ值保护逻辑图如图 4.6-3 所示。

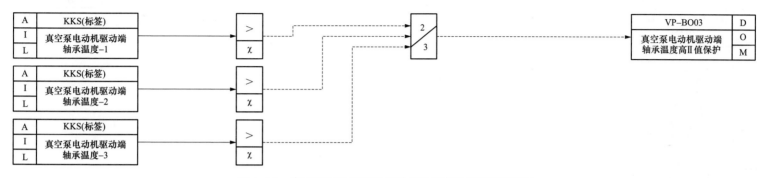

图 4.6-3　真空泵电动机驱动端轴承温度高Ⅱ值保护逻辑图

4.6.4　真空泵电动机非驱动端轴承温度高Ⅱ值保护

真空泵电动机非驱动端轴承温度高Ⅱ值保护逻辑图如图 4.6-4 所示。

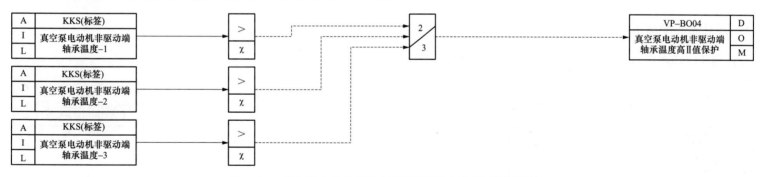

图 4.6-4　真空泵电动机非驱动端轴承温度高Ⅱ值保护逻辑图

4.6.5　真空泵跳闸保护汇总

真空泵跳闸保护汇总逻辑图如图 4.6-5 所示。

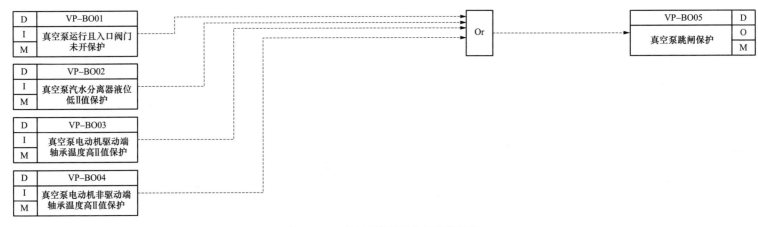

图 4.6-5 真空泵跳闸保护汇总逻辑图

4.7 开式循环冷却水泵跳闸保护

4.7.1 开式循环冷却水泵运行且入口阀门未开保护

开式循环冷却水泵运行且入口阀门未开保护逻辑图如图 4.7-1 所示。

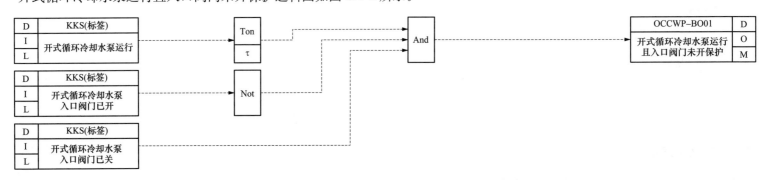

图 4.7-1 开式循环冷却水泵运行且入口阀门未开保护逻辑图

4.7.2 开式循环冷却水泵运行且出口阀门未开保护

开式循环冷却水泵运行且出口阀门未开保护逻辑图如图 4.7-2 所示。

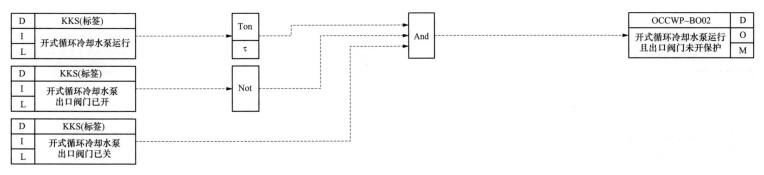

图 4.7-2 开式循环冷却水泵运行且出口阀门未开保护逻辑图

4.7.3 开式循环冷却水泵跳闸保护汇总

开式循环冷却水泵跳闸保护汇总逻辑图如图 4.7-3 所示。

图 4.7-3 开式循环冷却水泵跳闸保护汇总逻辑图

4.8 闭式循环冷却水泵跳闸保护

4.8.1 闭式循环冷却水泵运行且入口阀门未开保护

闭式循环冷却水泵运行且入口阀门未开保护逻辑图如图 4.8-1 所示。

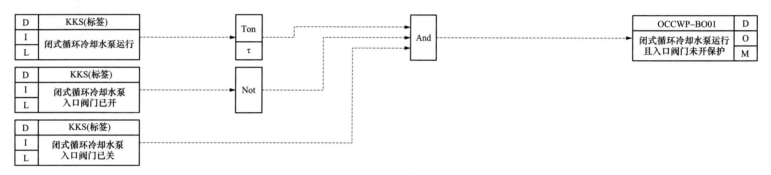

图 4.8-1 闭式循环冷却水泵运行且入口阀门未开保护逻辑图

4.8.2 闭式循环冷却水泵运行且出口阀门未开保护

闭式循环冷却水泵运行且出口阀门未开保护逻辑图如图 4.8-2 所示。

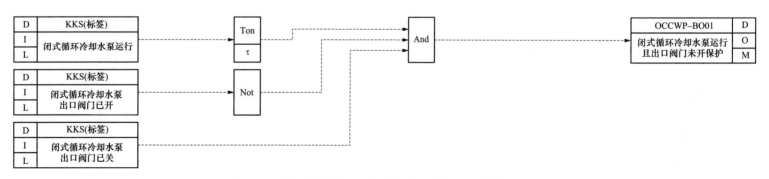

图 4.8-2 闭式循环冷却水泵运行且出口阀门未开保护逻辑图

4.8.3 闭式循环冷却水泵跳闸保护汇总

闭式循环冷却水泵跳闸保护汇总逻辑图如图 4.8-3 所示。

图 4.8-3　闭式循环冷却水泵跳闸保护汇总逻辑图

4.9 锅炉 MFT 跳闸保护

4.9.1 引风机 A 和引风机 B 均停保护

引风机 A 和引风机 B 均停保护逻辑图如图 4.9-1 所示。

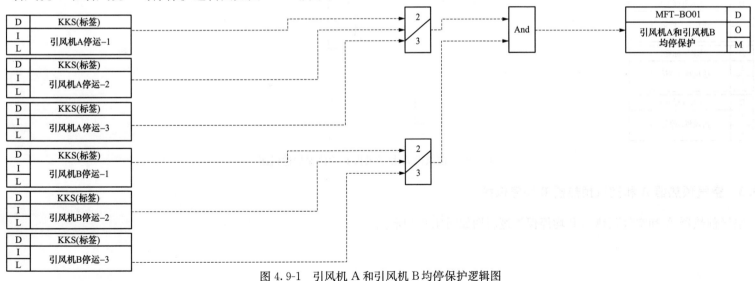

图 4.9-1　引风机 A 和引风机 B 均停保护逻辑图

4.9.2 送风机 A 和送风机 B 均停保护

送风机 A 和送风机 B 均停保护逻辑图如图 4.9-2 所示。

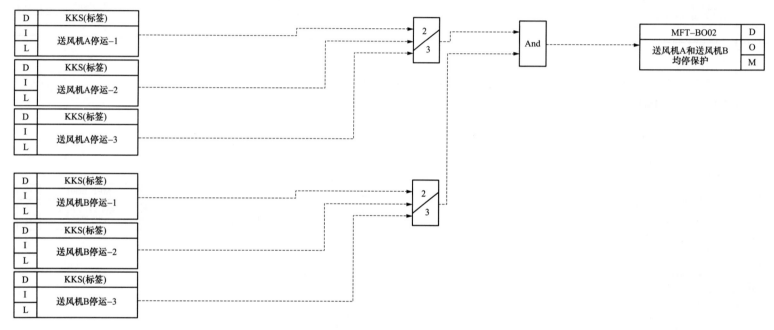

图 4.9-2 送风机 A 和送风机 B 均停保护逻辑图

4.9.3 空气预热器 A 和空气预热器 B 均停保护

空气预热器 A 和空气预热器 B 均停保护逻辑图如图 4.9-3 所示。

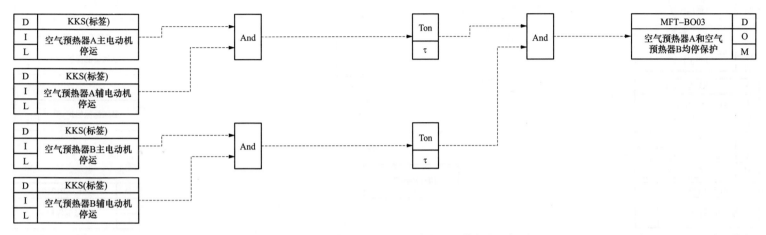

图 4.9-3 空气预热器 A 和空气预热器 B 均停保护逻辑图

4.9.4 锅炉总风量低保护

锅炉总风量低保护逻辑图如图 4.9-4 所示。

4.9.5 火检冷却风失去保护

火检冷却风失去保护逻辑图如图 4.9-5 所示。

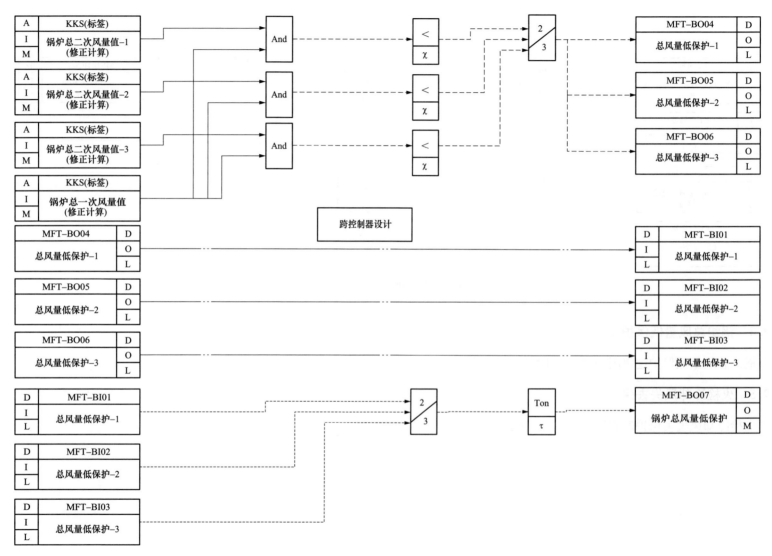

图 4.9-4　锅炉总风量低保护逻辑图

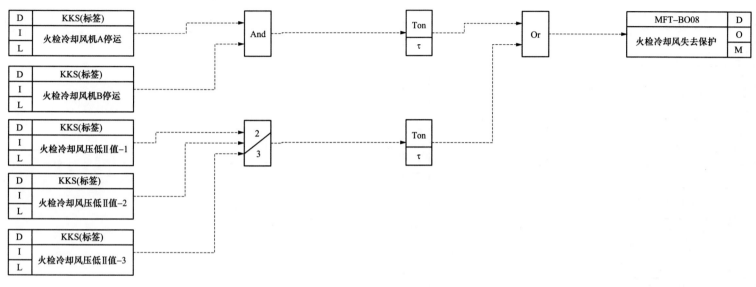

图 4.9-5　火检冷却风失去保护逻辑图

4.9.6　连续三次点火失败保护

连续三次点火失败保护逻辑图如图 4.9-6 所示。

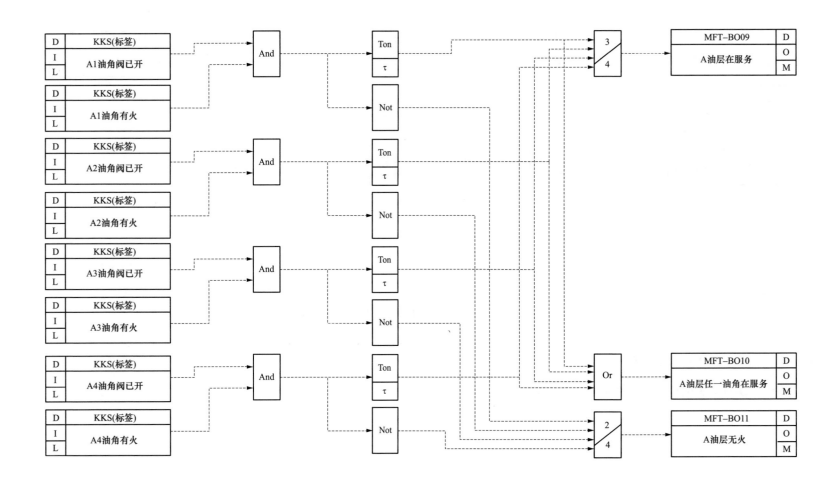

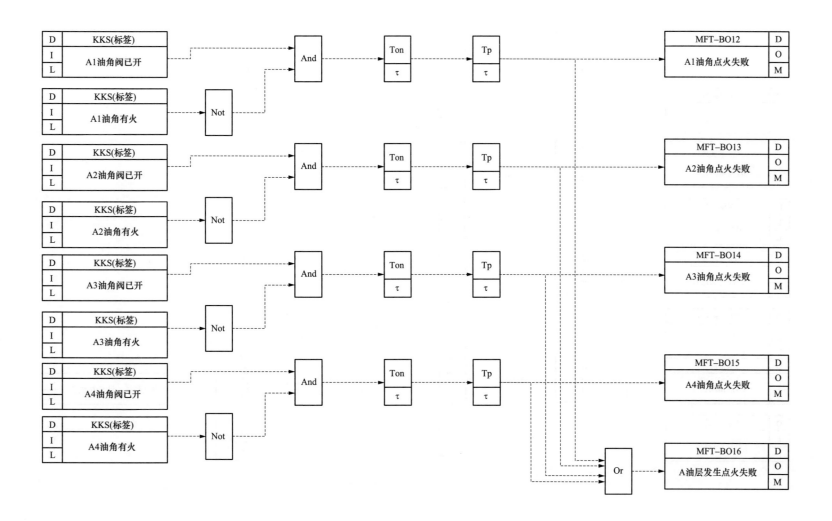

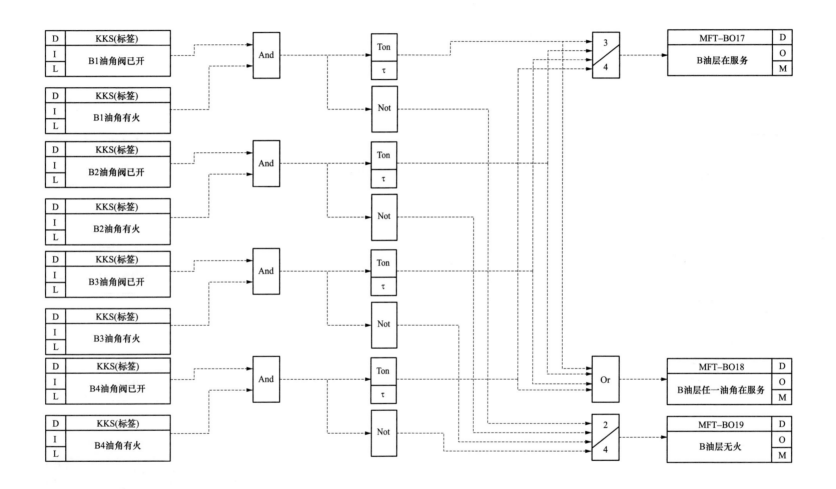

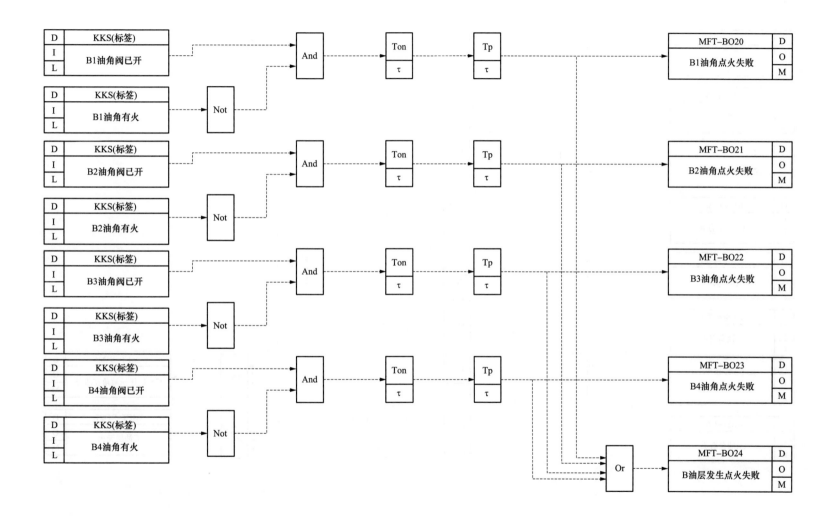

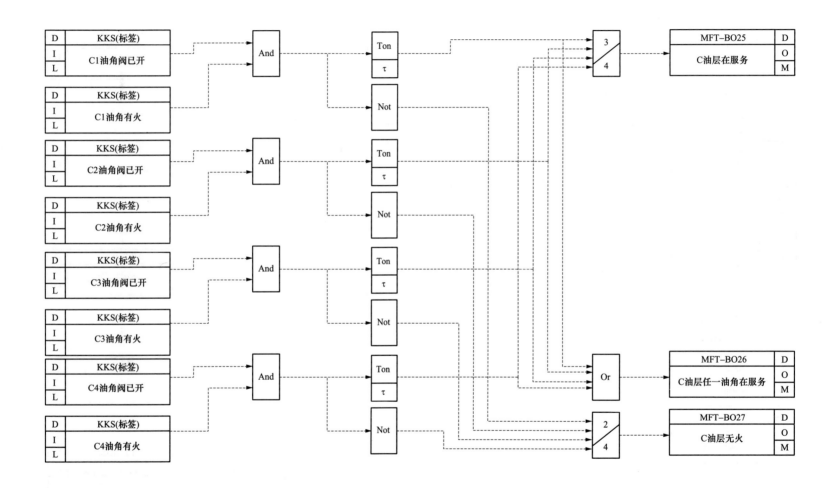

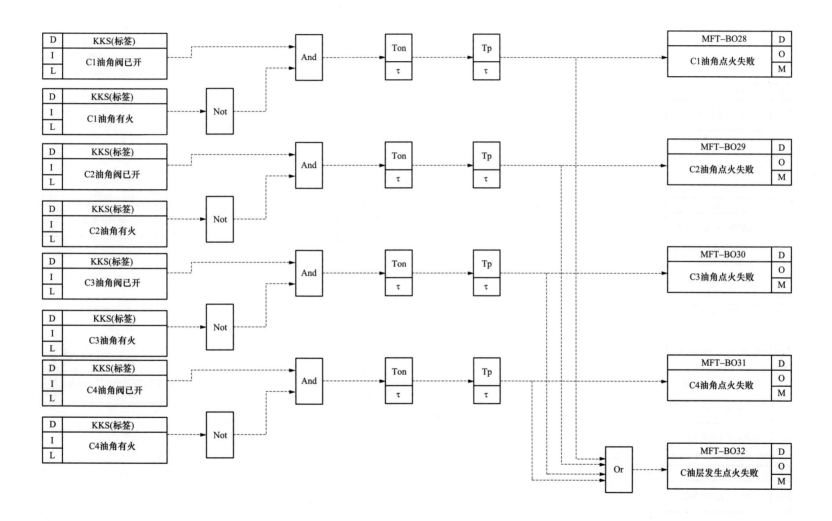

D	KKS(标签)
I	C1油角阀已开
L	

D	KKS(标签)
I	C1油角有火
L	

D	KKS(标签)
I	C2油角阀已开
L	

D	KKS(标签)
I	C2油角有火
L	

D	KKS(标签)
I	C3油角阀已开
L	

D	KKS(标签)
I	C3油角有火
L	

D	KKS(标签)
I	C4油角阀已开
L	

D	KKS(标签)
I	C4油角有火
L	

MFT-BO28	D
C1油角点火失败	O
	M

MFT-BO29	D
C2油角点火失败	O
	M

MFT-BO30	D
C3油角点火失败	O
	M

MFT-BO31	D
C4油角点火失败	O
	M

MFT-BO32	D
C油层发生点火失败	O
	M

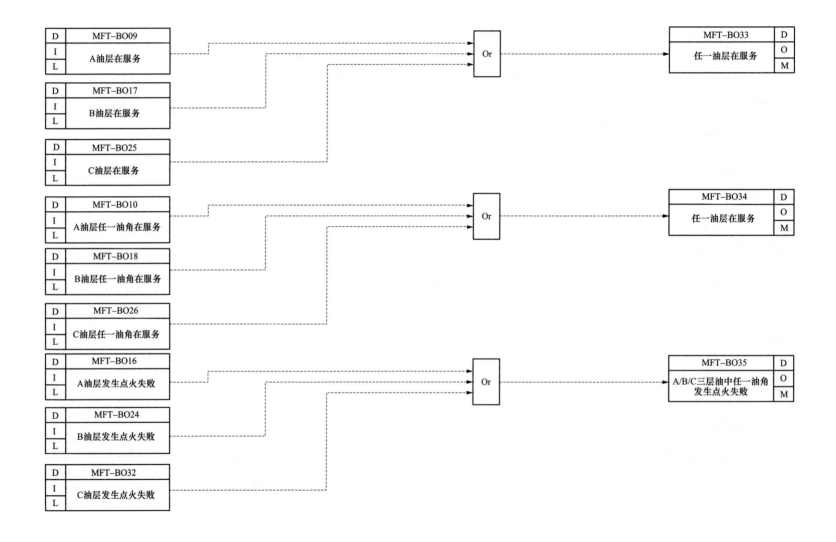

D	MFT–BO09
I	
L	A油层在服务

D	MFT–BO17
I	
L	B油层在服务

D	MFT–BO25
I	
L	C油层在服务

Or

MFT–BO33	D
	O
任一油层在服务	M

D	MFT–BO10
I	
L	A油层任一油角在服务

D	MFT–BO18
I	
L	B油层任一油角在服务

D	MFT–BO26
I	
L	C油层任一油角在服务

Or

MFT–BO34	D
	O
任一油层在服务	M

D	MFT–BO16
I	
L	A油层发生点火失败

D	MFT–BO24
I	
L	B油层发生点火失败

D	MFT–BO32
I	
L	C油层发生点火失败

Or

MFT–BO35	D
	O
A/B/C三层油中任一油角 发生点火失败	M

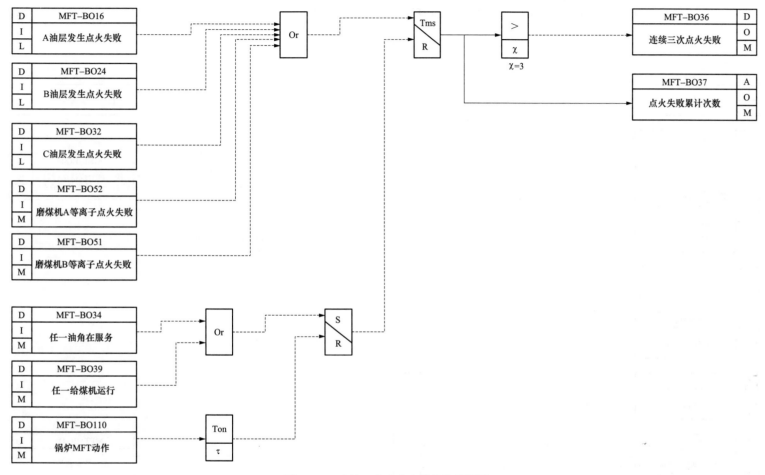

图 4.9-6　连续三次点火失败保护逻辑图

4.9.7　任一台给煤机运行时两台一次风机均停保护

任一台给煤机运行时两台一次风机均停保护逻辑图如图 4.9-7 所示。

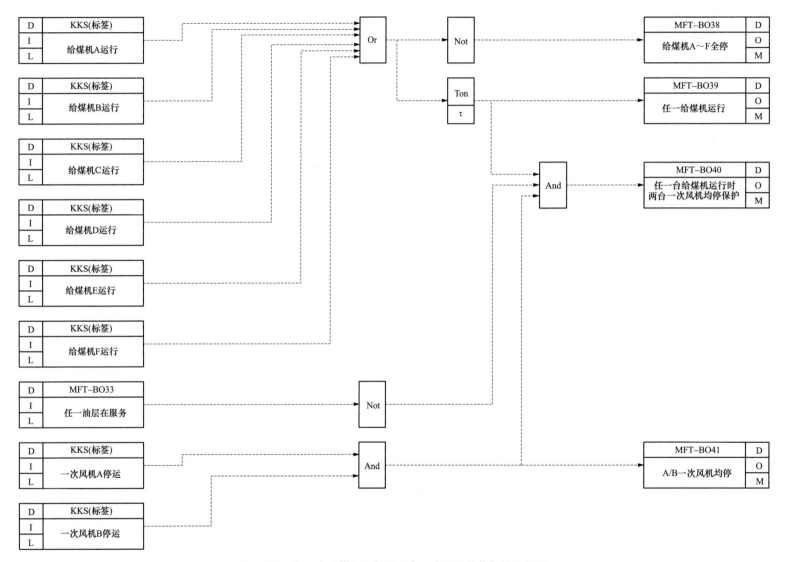

图 4.9-7　任一台给煤机运行时两台一次风机均停保护逻辑图

4.9.8　全部燃料失去保护

全部燃料失去保护逻辑图如图 4.9-8 所示。

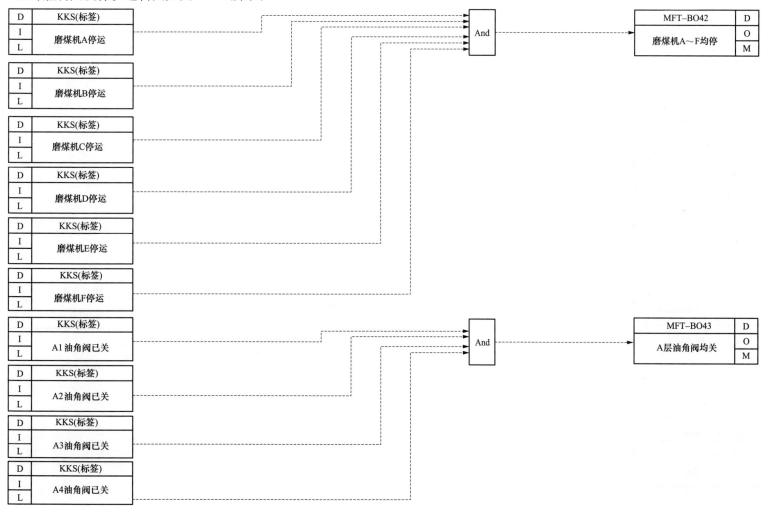

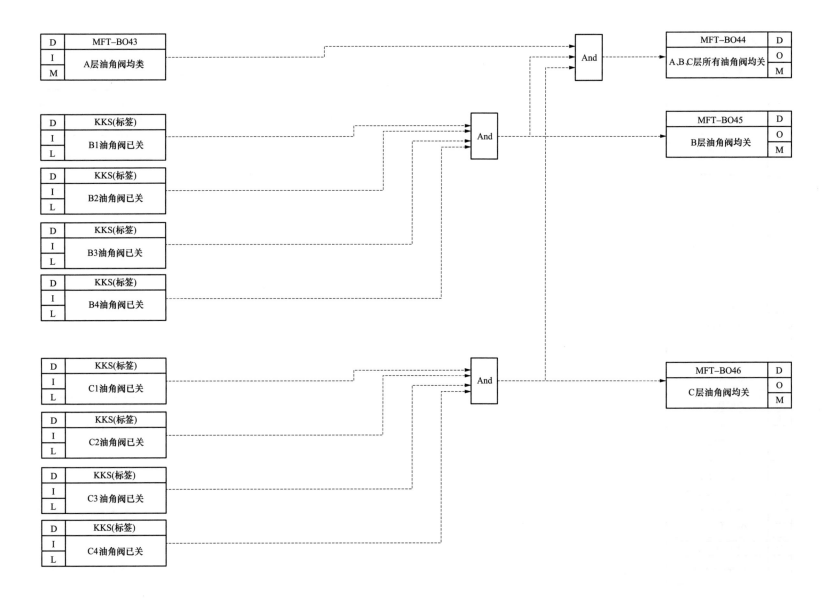

D	MFT-BO43
I	A层油角阀均类
M	

D	KKS(标签)
I	B1油角阀已关
L	

D	KKS(标签)
I	B2油角阀已关
L	

D	KKS(标签)
I	B3油角阀已关
L	

D	KKS(标签)
I	B4油角阀已关
L	

D	KKS(标签)
I	C1油角阀已关
L	

D	KKS(标签)
I	C2油角阀已关
L	

D	KKS(标签)
I	C3 油角阀已关
L	

D	KKS(标签)
I	C4油角阀已关
L	

MFT-BO44	D
A、B、C层所有油角阀均关	O
	M

MFT-BO45	D
B层油角阀均关	O
	M

MFT-BO46	D
C层油角阀均关	O
	M

And

And

And

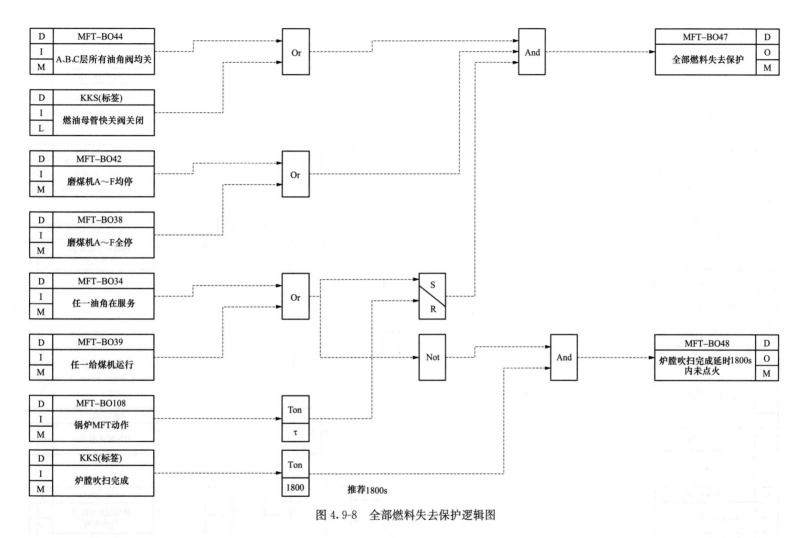

图 4.9-8　全部燃料失去保护逻辑图

4.9.9　全炉膛灭火保护

全炉膛灭火保护逻辑图如图 4.9-9 所示。

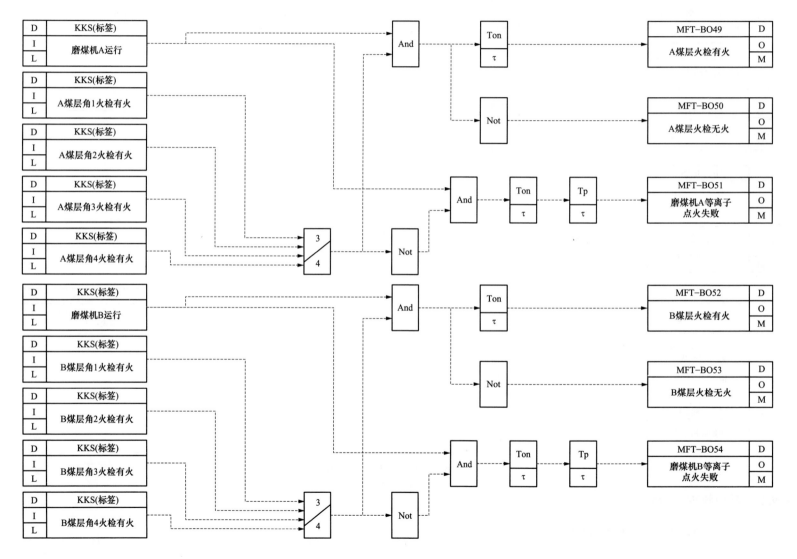

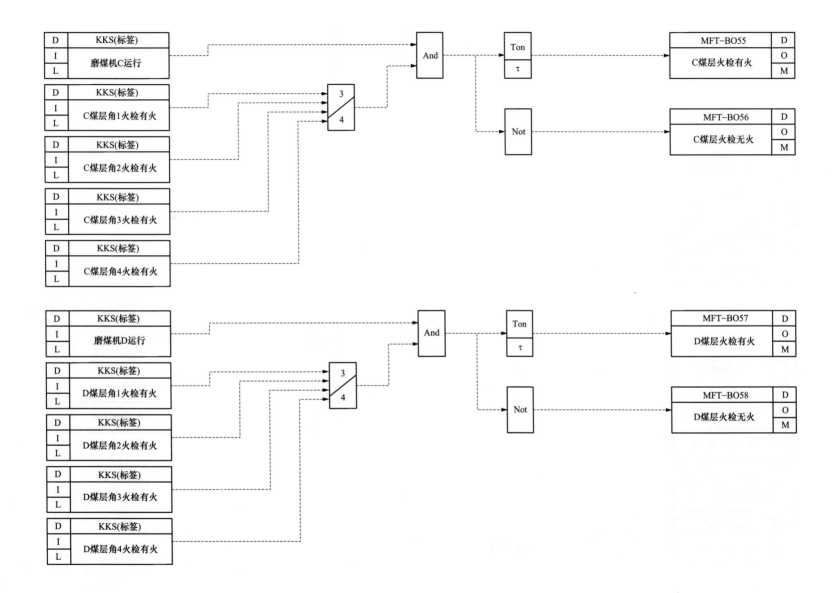

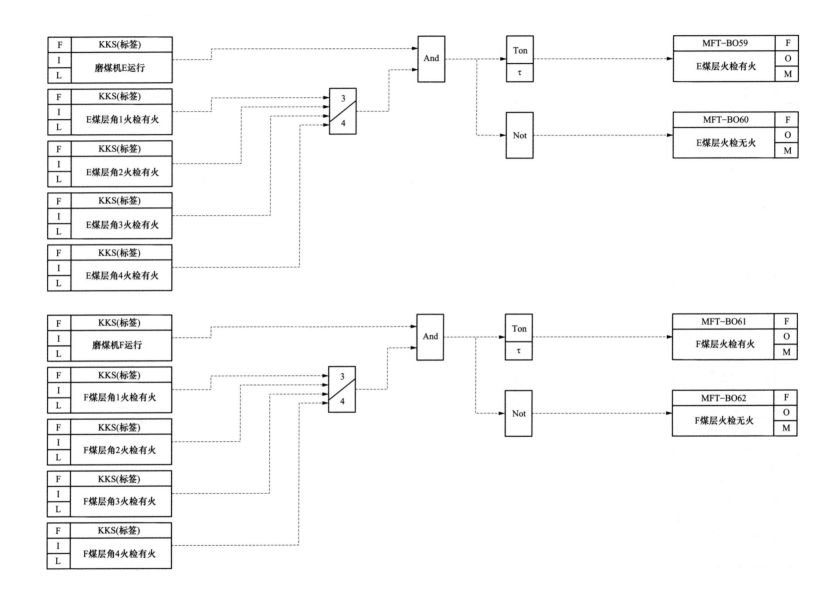

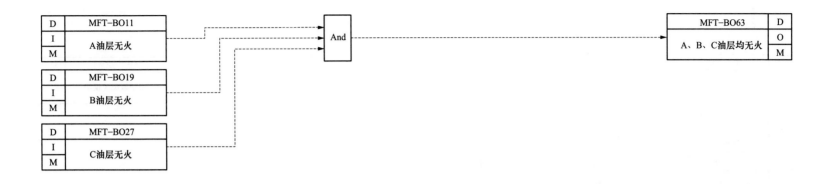

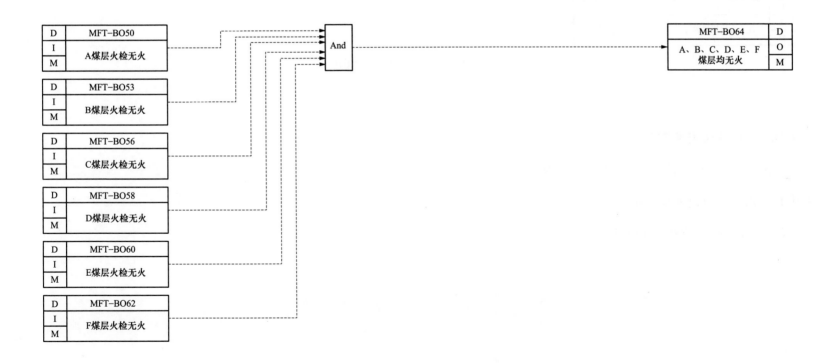

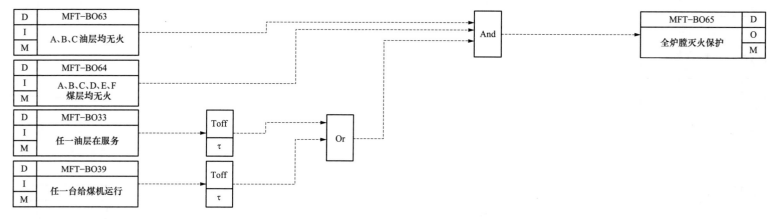

图 4.9-9 全炉膛灭火保护逻辑图

4.9.10 汽包水位低Ⅱ值保护

汽包水位低Ⅱ值保护逻辑图如图 4.9-10 所示。

4.9.11 汽包水位高Ⅱ值保护

汽包水位高Ⅱ值保护逻辑图如图 4.9-11 所示。

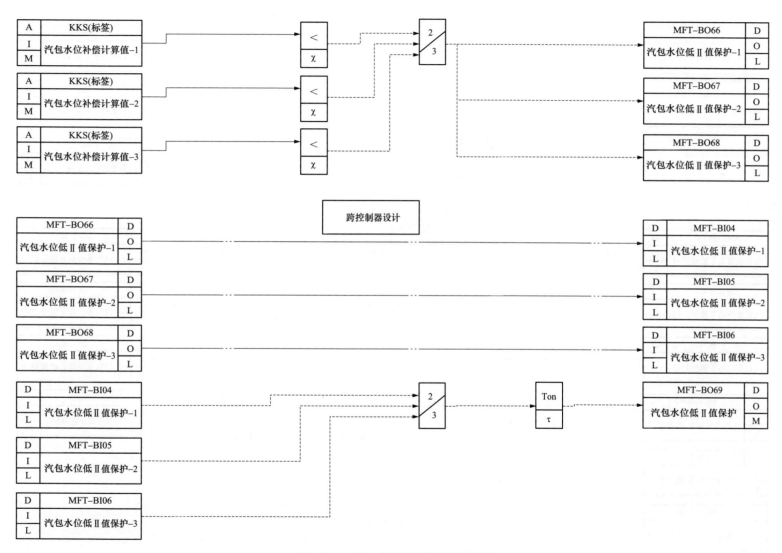

图 4.9-10　汽包水位低 II 值保护逻辑图

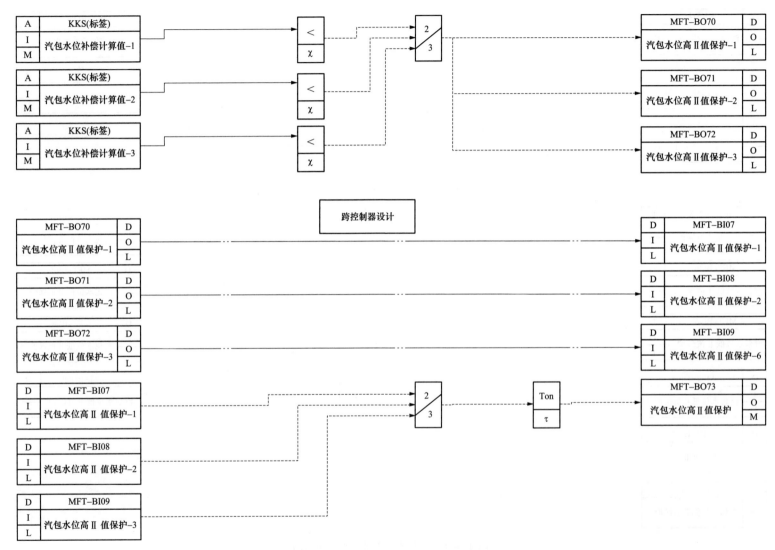

图 4.9-11　汽包水位高Ⅱ值保护逻辑图

4.9.12 炉膛压力低Ⅱ值保护

炉膛压力低Ⅱ值保护逻辑图如图 4.9-12 所示。

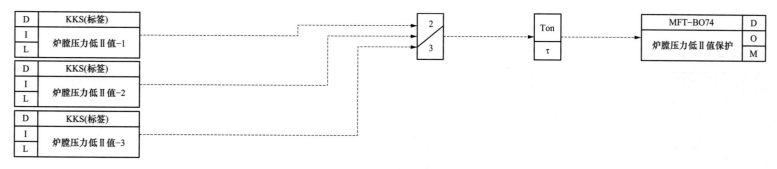

图 4.9-12 炉膛压力低Ⅱ值保护逻辑图

4.9.13 炉膛压力高Ⅱ值保护

炉膛压力高Ⅱ值保护逻辑图如图 4.9-13 所示。

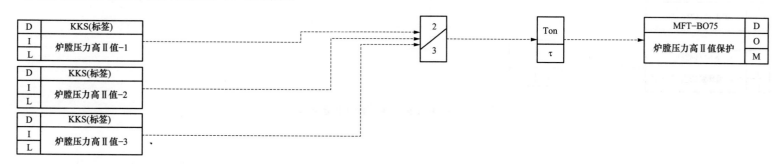

图 4.9-13 炉膛压力高Ⅱ值保护逻辑图

4.9.14 炉水循环泵均停保护

炉水循环泵均停保护逻辑图如图 4.9-14 所示。

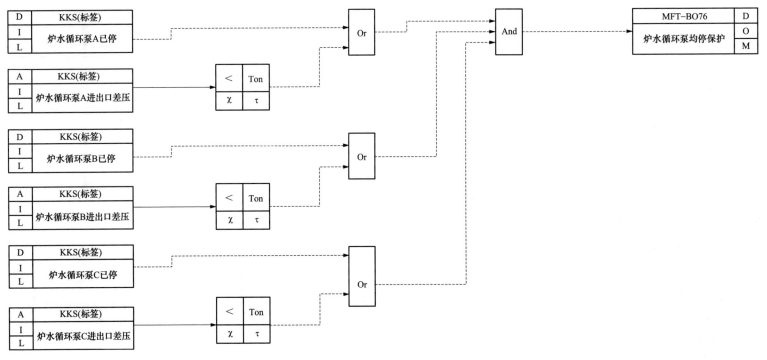

图 4.9-14 炉水循环泵均停保护逻辑图

4.9.15 给水泵均停保护

给水泵均停保护逻辑图如图 4.9-15 所示。

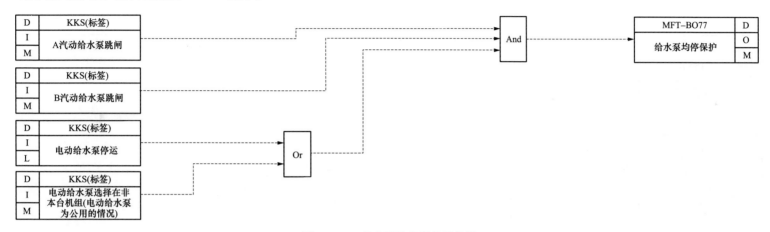

图 4.9-15 给水泵均停保护逻辑图

4.9.16 脱硫系统跳闸连跳锅炉保护

脱硫系统跳闸连跳锅炉保护逻辑图如图 4.9-16 所示。

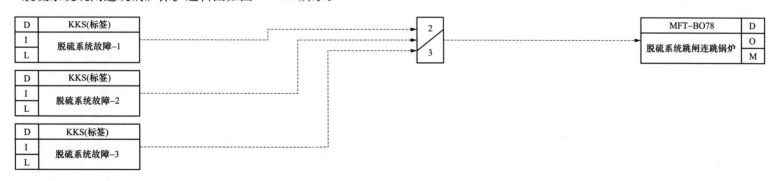

图 4.9-16 脱硫系统跳闸连跳锅炉保护逻辑图

4.9.17 汽轮机跳闸连跳锅炉保护

汽轮机跳闸连跳锅炉保护逻辑图如图 4.9-17 所示。

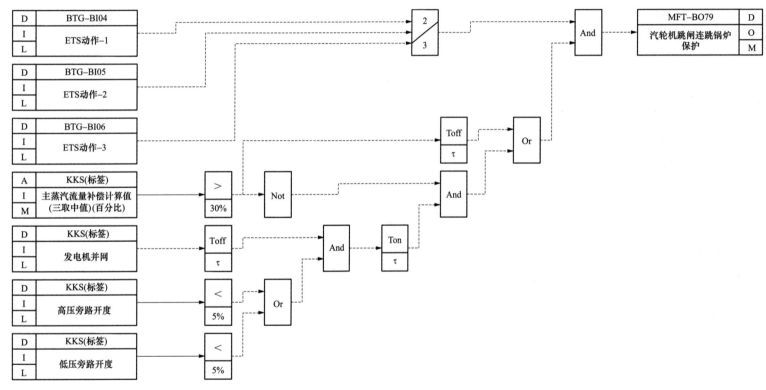

图 4.9-17 汽轮机跳闸连跳锅炉保护逻辑图

4.9.18 锅炉 MFT 盘台按钮打闸保护

锅炉 MFT 盘台按钮打闸保护逻辑图如图 4.9-18 所示。

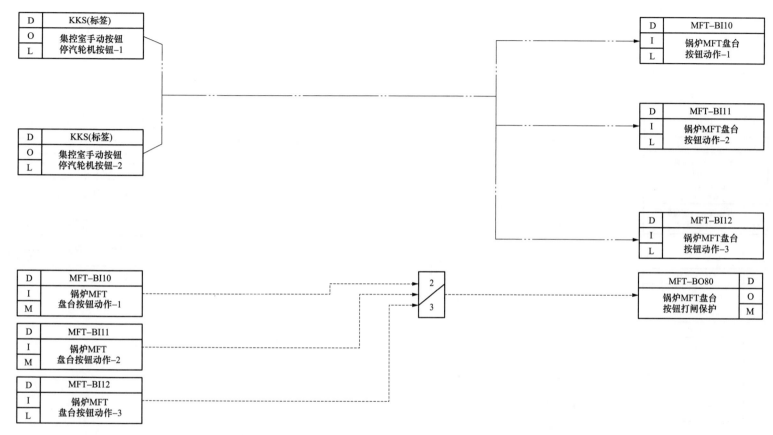

图 4.9-18　锅炉 MFT 盘台按钮打闸保护逻辑图

4.9.19　省煤器入口流量低Ⅱ值保护（仅适用直流锅炉）

省煤器入口流量低Ⅱ值保护（仅适用直流锅炉）逻辑图如图 4.9-19 所示。

4.9.20　分离器出口温度高Ⅱ值保护（仅适用直流锅炉）

分离器出口温度高Ⅱ值保护（仅适用直流锅炉）逻辑图如图 4.9-20 所示。

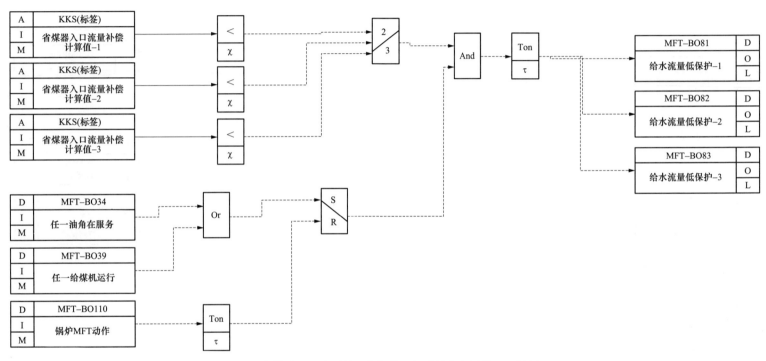

图 4.9-19　省煤器入口流量低Ⅱ值保护（仅适用直流锅炉）逻辑图（一）

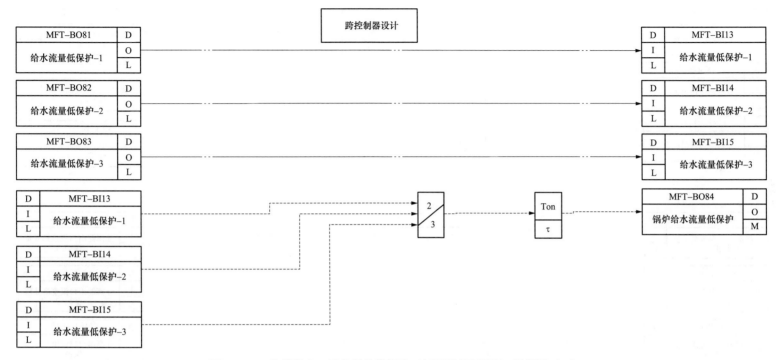

图 4.9-19 省煤器入口流量低Ⅱ值保护（仅适用直流锅炉）逻辑图（二）

4.9.21 主汽温度高Ⅱ值保护

主汽温度高Ⅱ值保护逻辑图如图 4.9-21 所示。

4.9.22 再热器出口温度高Ⅱ值保护

再热器出口温度高Ⅱ值保护逻辑图如图 4.9-22 所示。

4.9.23 主蒸汽压力高保护

主蒸汽压力高保护逻辑图如图 4.9-23 所示。

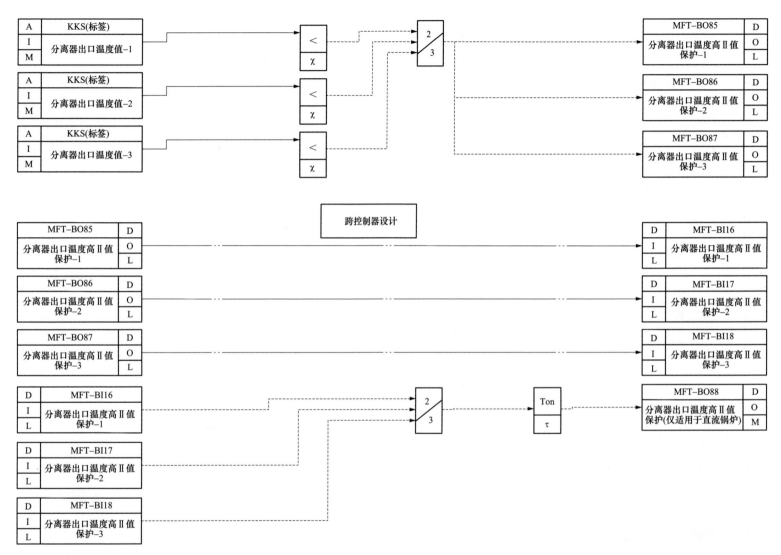

图 4.9-20 分离器出口温度高Ⅱ值保护（仅适用直流锅炉）逻辑图

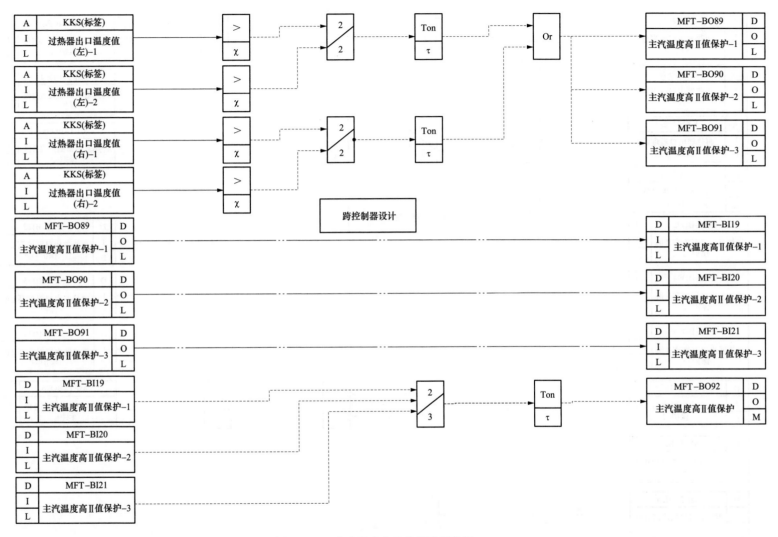

图 4.9-21　主汽温度高Ⅱ值保护逻辑图

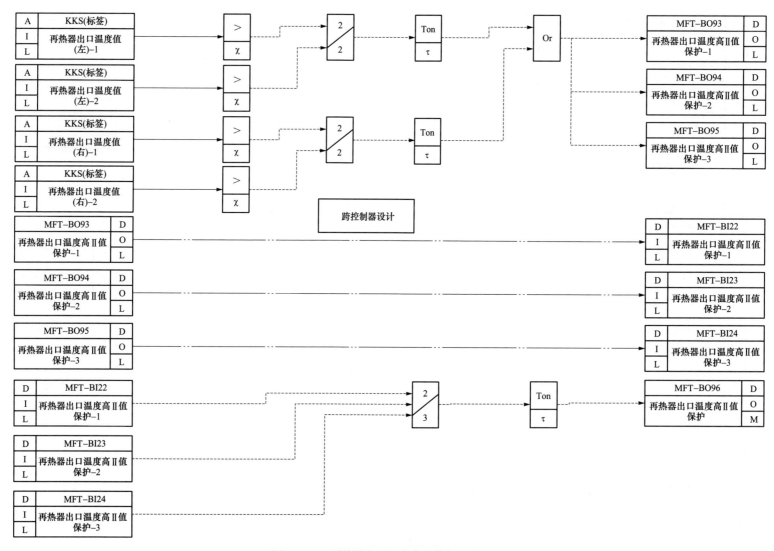

图 4.9-22 再热器出口温度高Ⅱ值保护逻辑图

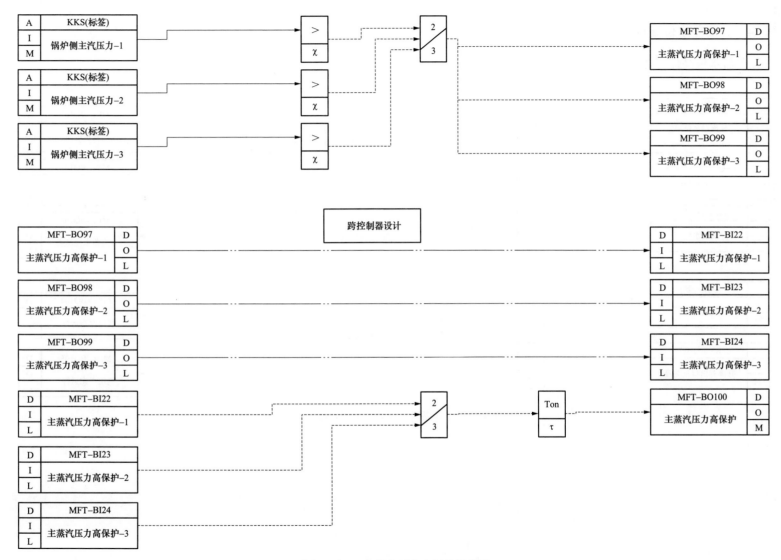

图 4.9-23　主蒸汽压力高保护逻辑图

4.9.24 分离器水位高保护

分离器水位高保护逻辑图如图 4.9-24 所示。

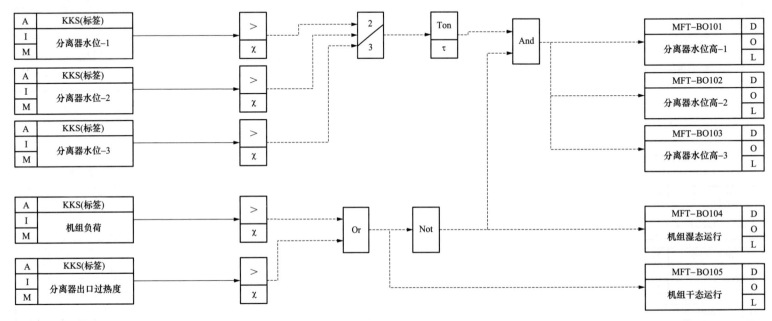

图 4.9-24 分离器水位高保护逻辑图（一）

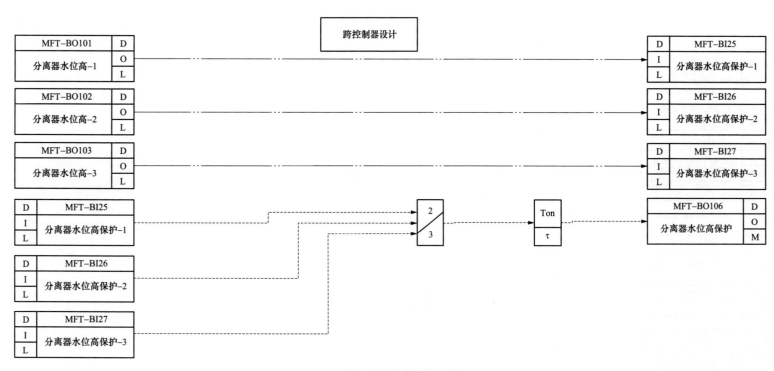

图 4.9-24 分离器水位高保护逻辑图（二）

4.9.25 锅炉 MFT 跳闸保护汇总

锅炉 MFT 跳闸保护汇总逻辑图如图 4.9-25 所示。

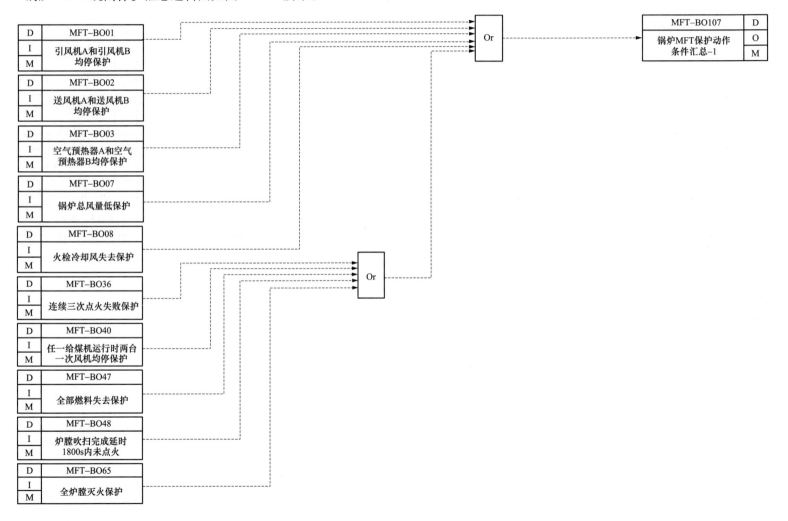

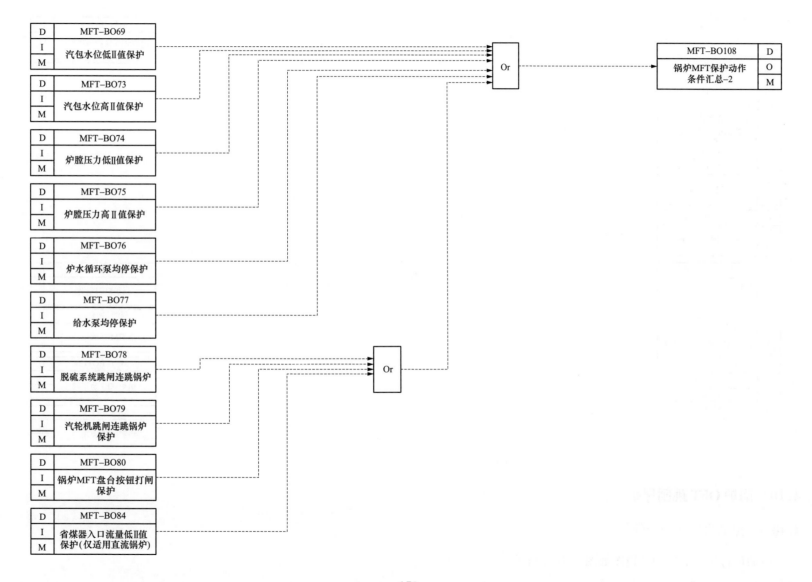

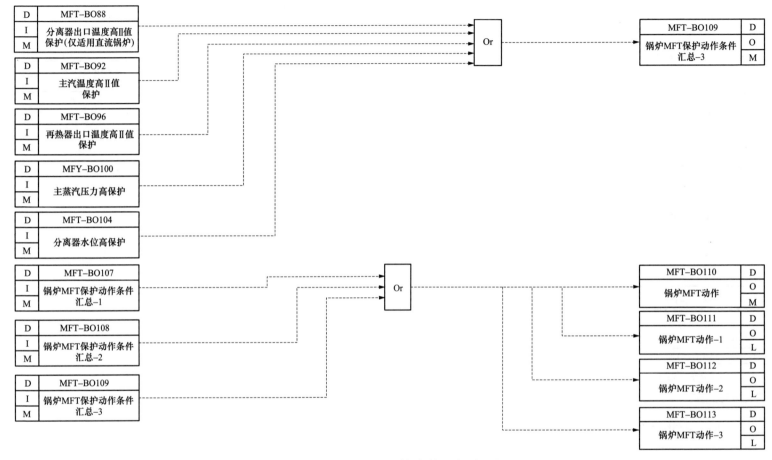

图 4.9-25 锅炉 MFT 跳闸保护汇总逻辑图

4.10 锅炉 OFT 跳闸保护

4.10.1 燃油母管压力低保护

燃油母管压力低保护逻辑图如图 4.10-1 所示。

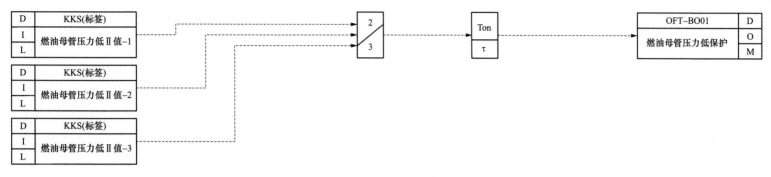

图 4.10-1 燃油母管压力低保护逻辑图

4.10.2 燃油母管快关阀关保护

燃油母管快关阀关保护逻辑图如图 4.10-2 所示。

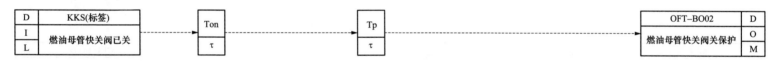

图 4.10-2 燃油母管快关阀关保护逻辑图

4.10.3 燃油系统所有油角阀均关保护

燃油系统所有油角阀均关保护逻辑图如图 4.10-3 所示。

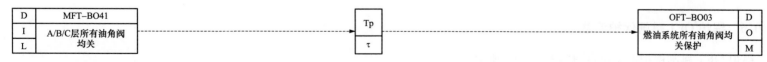

图 4.10-3 燃油系统所有油角阀均关保护逻辑图

4.10.4 锅炉 MFT 动作触发 OFT 保护

锅炉 MFT 动作触发 OFT 保护逻辑图如图 4.10-4 所示。

图 4.10-4　锅炉 MFT 动作触发 OFT 保护逻辑图

4.10.5 手动 OFT 保护

手动 OFT 保护逻辑图如图 4.10-5 所示。

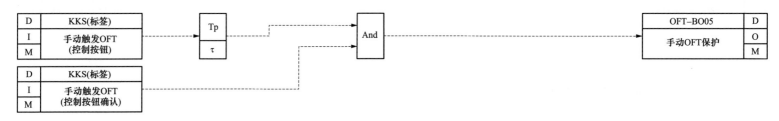

图 4.10-5　手动 OFT 保护逻辑图

4.10.6 锅炉 OFT 跳闸保护汇总

锅炉 OFT 跳闸保护汇总逻辑图如图 4.10-6 所示。

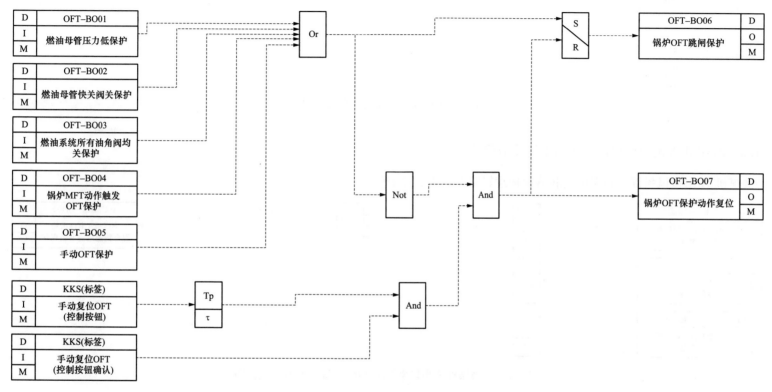

图 4.10-6　锅炉 OFT 跳闸保护汇总逻辑图

4.11　磨煤机跳闸保护（以磨煤机 A 为例）

4.11.1　锅炉 MFT 动作跳闸磨煤机 A 保护

锅炉 MFT 动作跳闸磨煤机 A 保护逻辑图如图 4.11-1 所示。

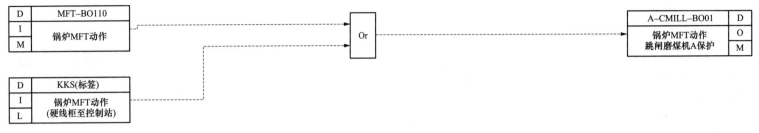

图 4.11-1　锅炉 MFT 动作跳闸磨煤机 A 保护逻辑图

4.11.2　磨煤机 A 出口风粉混合物温度高 II 值保护

磨煤机 A 出口风粉混合物温度高 II 值保护逻辑图如图 4.11-2 所示。

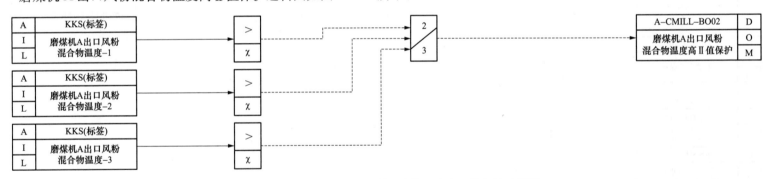

图 4.11-2　磨煤机 A 出口风粉混合物温度高 II 值保护逻辑图

4.11.3　磨煤机 A 电动机线圈温度高 II 值保护

磨煤机 A 电动机线圈温度高 II 值保护逻辑图如图 4.11-3 所示。

4.11.4　磨煤机 A 齿轮箱轴承润滑油温度高 II 值保护

磨煤机 A 齿轮箱轴承润滑油温度高 II 值保护逻辑图如图 4.11-4 所示。

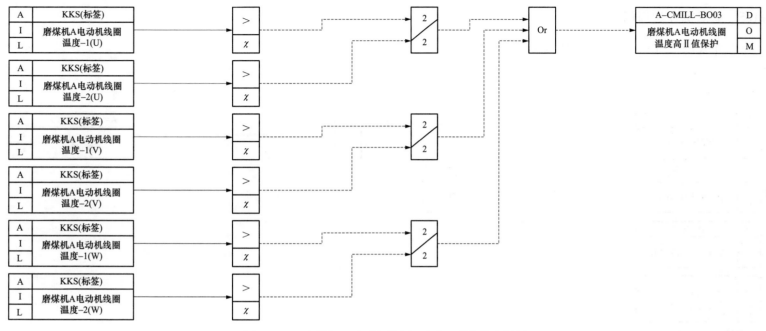

图 4.11-3 磨煤机 A 电动机线圈温度高 Ⅱ 值保护逻辑图

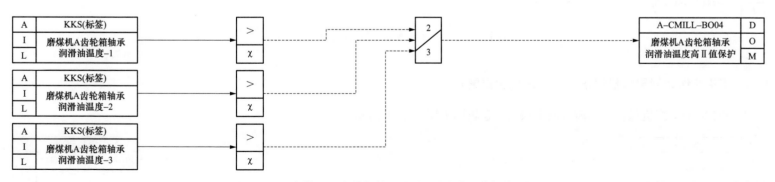

图 4.11-4 磨煤机 A 齿轮箱轴承润滑油温度高 Ⅱ 值保护逻辑图

4.11.5 磨煤机 A 出口门关闭保护

磨煤机 A 出口门关闭保护逻辑图如图 4.11-5 所示。

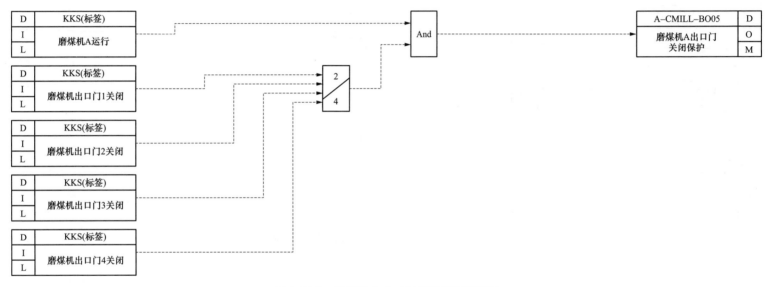

图 4.11-5　磨煤机 A 出口门关闭保护逻辑图

4.11.6 RB 动作跳闸磨煤机保护（一般跳闸上层磨）

RB 动作跳闸磨煤机保护（一般跳闸上层磨）逻辑图如图 4.11-6 所示。

图 4.11-6　RB 动作跳闸磨煤机保护（一般跳闸上层磨）逻辑图

4.11.7　一次风机 A 和一次风机 B 均停磨煤机保护

一次风机 A 和一次风机 B 均停磨煤机保护逻辑图如图 4.11-7 所示。

图 4.11-7　一次风机 A 和一次风机 B 均停磨煤机保护逻辑图

4.11.8　磨煤机入口一次风流量低Ⅱ值保护

磨煤机入口一次风流量低Ⅱ值保护逻辑图如图 4.11-8 所示。

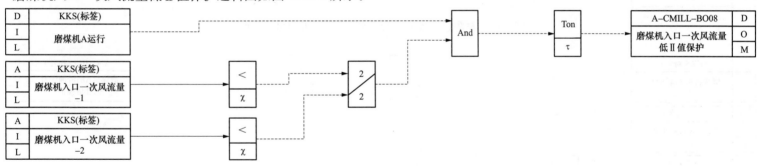

图 4.11-8　磨煤机入口一次风流量低Ⅱ值保护逻辑图

4.11.9　磨煤机 A 密封风与一次风差压低Ⅱ值保护

磨煤机 A 密封风与一次风差压低Ⅱ值保护逻辑图如图 4.11-9 所示。

4.11.10　磨煤机 A 润滑油压力低Ⅱ值保护

磨煤机 A 润滑油压力低Ⅱ值保护逻辑图如图 4.11-10 所示。

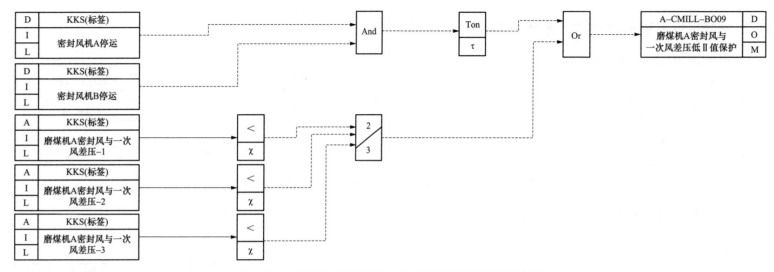

图 4.11-9　磨煤机 A 密封风与一次风差压低 II 值保护逻辑图

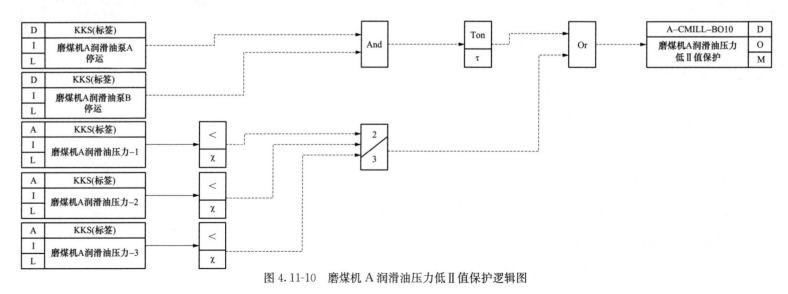

图 4.11-10　磨煤机 A 润滑油压力低 II 值保护逻辑图

4.11.11 磨煤机 A 火检灭火保护

磨煤机 A 火检灭火保护逻辑图如图 4.11-11 所示。

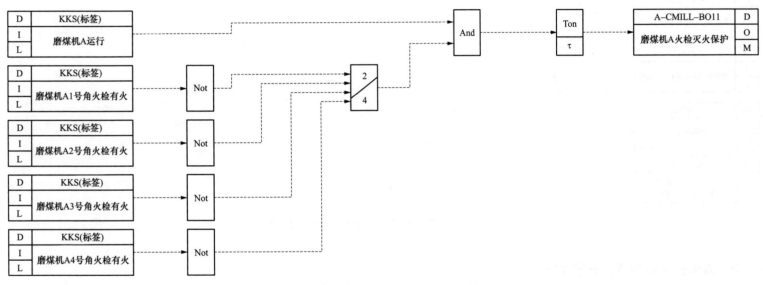

图 4.11-11　磨煤机 A 火检灭火保护逻辑图

4.11.12 磨煤机 A 等离子断弧保护

磨煤机 A 等离子断弧保护逻辑图如图 4.11-12 所示。

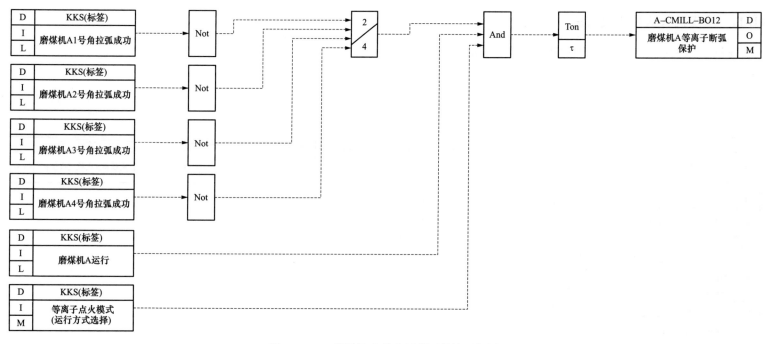

图 4.11-12　磨煤机 A 等离子断弧保护逻辑图

4.11.13　磨煤机 A 微油点火失败保护

磨煤机 A 微油点火失败保护逻辑图如图 4.11-13 所示。

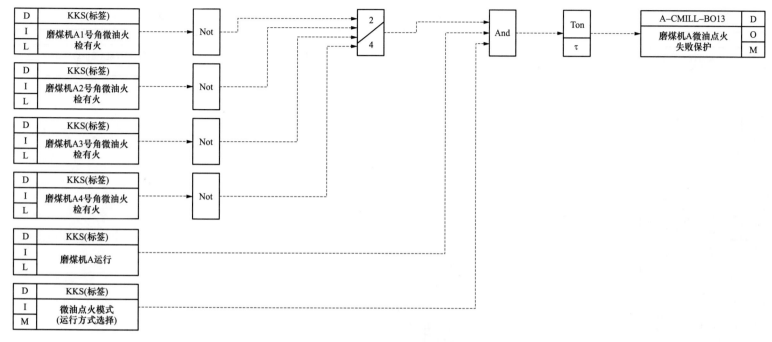

图 4.11-13 磨煤机 A 微油点火失败保护逻辑图

4.11.14 磨煤机 A 跳闸保护汇总

磨煤机 A 跳闸保护汇总逻辑图如图 4.11-14 所示。

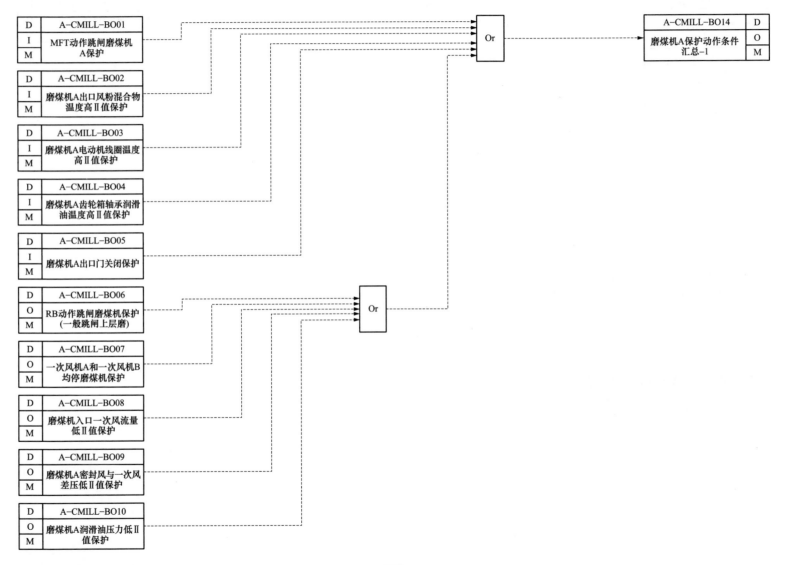

D	A-CMILL-BO01
I	MFT动作跳闸磨煤机
M	A保护

D	A-CMILL-BO02
I	磨煤机A出口风粉混合物
M	温度高Ⅱ值保护

D	A-CMILL-BO03
I	磨煤机A电动机线圈温度
M	高Ⅱ值保护

D	A-CMILL-BO04
I	磨煤机A齿轮箱轴承润滑
M	油温度高Ⅱ值保护

D	A-CMILL-BO05
I	磨煤机A出口门关闭保护
M	

D	A-CMILL-BO06
O	RB动作跳闸磨煤机保护
M	(一般跳闸上层磨)

D	A-CMILL-BO07
O	一次风机A和一次风机B
M	均停磨煤机保护

D	A-CMILL-BO08
O	磨煤机入口一次风流量
M	低Ⅱ值保护

D	A-CMILL-BO09
O	磨煤机A密封风与一次风
M	差压低Ⅱ值保护

D	A-CMILL-BO10
O	磨煤机A润滑油压力低Ⅱ
M	值保护

A-CMILL-BO14	D
磨煤机A保护动作条件	O
汇总-1	M

Or

Or

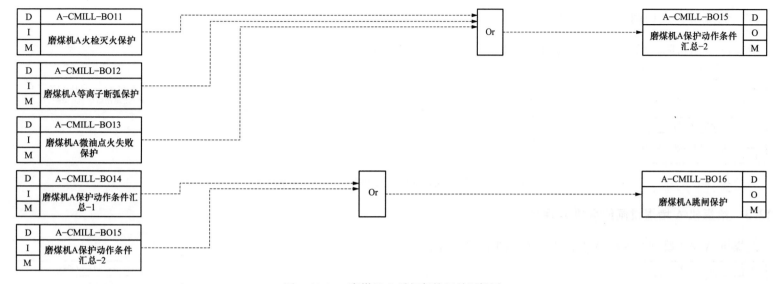

图 4.11-14　磨煤机 A 跳闸保护汇总逻辑图

4.12　给煤机跳闸保护（以给煤机 A 为例）

4.12.1　磨煤机 A 停运跳闸给煤机 A 保护

磨煤机 A 停运跳闸给煤机 A 保护逻辑图如图 4.12-1 所示。

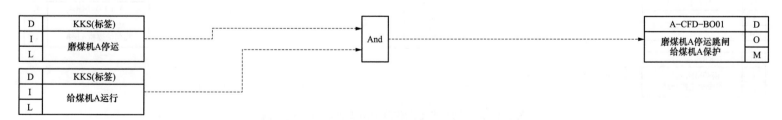

图 4.12-1　磨煤机 A 停运跳闸给煤机 A 保护逻辑图

4.12.2 给煤机 A 出口闸板门关闭跳闸给煤机 A 保护

给煤机 A 出口闸板门关闭跳闸给煤机 A 保护逻辑图如图 4.12-2 所示。

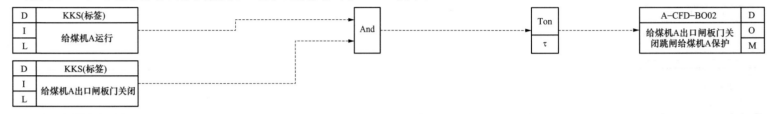

图 4.12-2　给煤机 A 出口闸板门关闭跳闸给煤机 A 保护逻辑图

4.12.3 给煤机 A 堵煤跳闸给煤机 A 保护

给煤机 A 堵煤跳闸给煤机 A 保护逻辑图如图 4.12-3 所示。

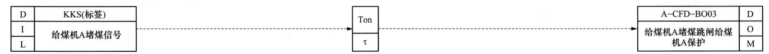

图 4.12-3　给煤机 A 堵煤跳闸给煤机 A 保护逻辑图

4.12.4 锅炉 MFT 动作跳闸给煤机 A 保护

锅炉 MFT 动作跳闸给煤机 A 保护逻辑图如图 4.12-4 所示。

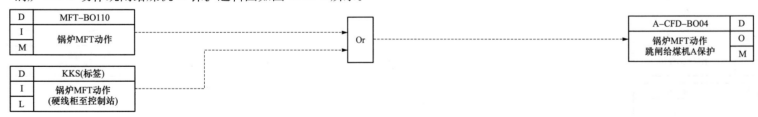

图 4.12-4　锅炉 MFT 动作跳闸给煤机 A 保护逻辑图

4.12.5　给煤机跳闸保护汇总

给煤机跳闸保护汇总逻辑图如图 4.12-5 所示。

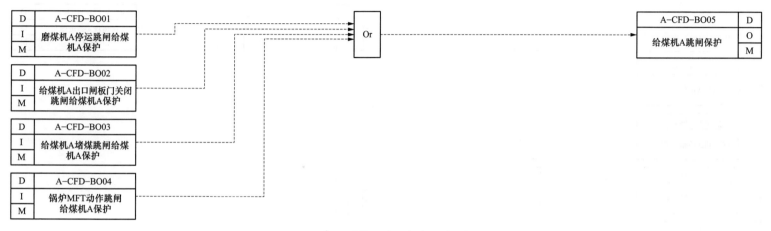

图 4.12-5　给煤机跳闸保护汇总逻辑图

4.13　送风机跳闸保护（以送风机 A 为例）

4.13.1　送风机 A 轴承温度高保护

送风机 A 轴承温度高保护逻辑图如图 4.13-1 所示。

4.13.2　送风机 A 电动机轴承温度高保护

送风机 A 电动机轴承温度高保护逻辑图如图 4.13-2 所示。

4.13.3　送风机 A 电动机线圈温度高保护

送风机 A 电动机线圈温度高保护逻辑图如图 4.13-3 所示。

4.13.4 送风机 A 润滑油泵全停保护

送风机 A 润滑油泵全停保护逻辑图如图 4.13-4 所示。

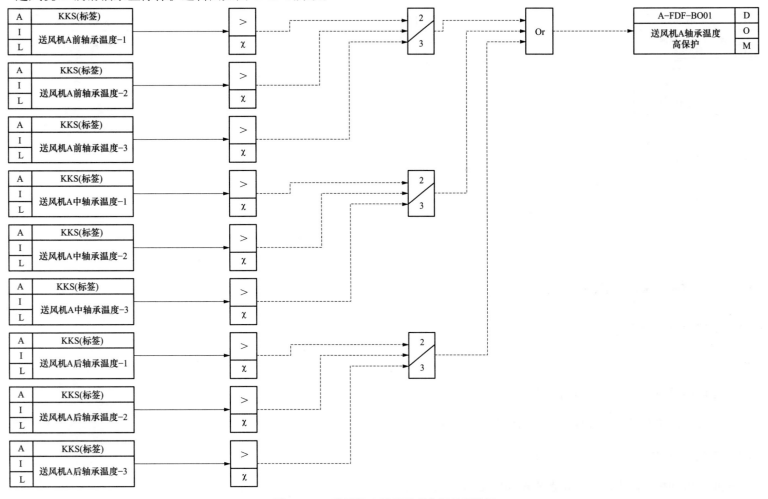

图 4.13-1 送风机 A 轴承温度高保护逻辑图

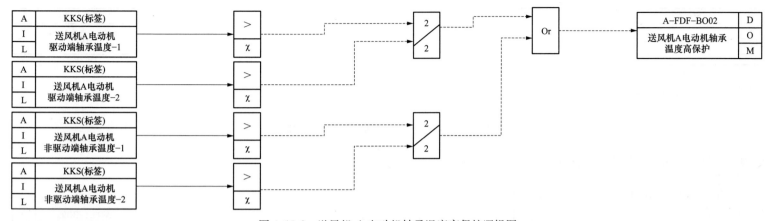

图 4.13-2 送风机 A 电动机轴承温度高保护逻辑图

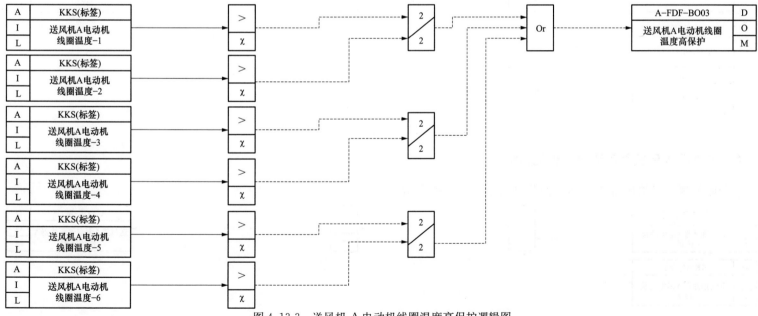

图 4.13-3 送风机 A 电动机线圈温度高保护逻辑图

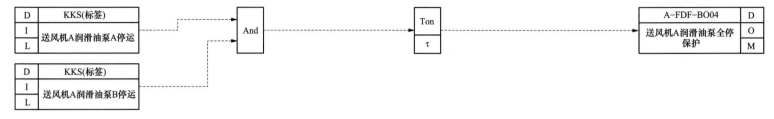

图 4.13-4　送风机 A 润滑油泵全停保护逻辑图

4.13.5　送风机 A 运行出口门关保护

送风机 A 运行出口门关保护逻辑图如图 4.13-5 所示。

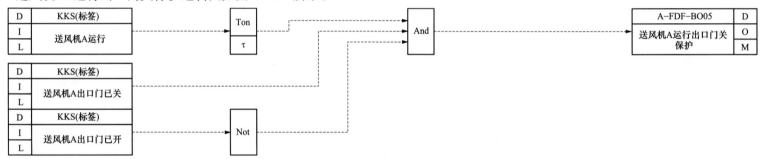

图 4.13-5　送风机 A 运行出口门关保护逻辑图

4.13.6　送风机 A 侧空气预热器 A 停运保护

送风机 A 侧空气预热器 A 停运保护逻辑图如图 4.13-6 所示。

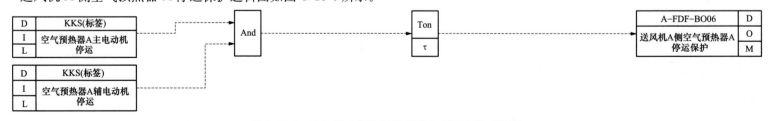

图 4.13-6　送风机 A 侧空气预热器 A 停运保护逻辑图

4.13.7 两台引风机均停跳送风机 A 保护

两台引风机均停跳送风机 A 保护逻辑图如图 4.13-7 所示。

图 4.13-7　两台引风机均停跳送风机 A 保护逻辑图

4.13.8 引风机 A 侧连跳送风机 A 保护

引风机 A 侧连跳送风机 A 保护逻辑图如图 4.13-8 所示。

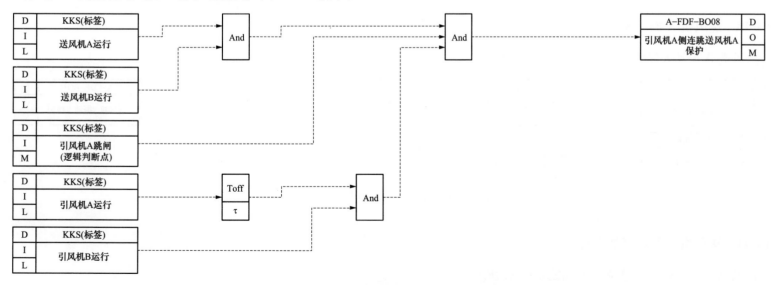

图 4.13-8　引风机 A 侧连跳送风机 A 保护逻辑图

4.13.9 炉膛压力高Ⅲ值跳闸送风机 A 保护

炉膛压力高Ⅲ值跳闸送风机 A 保护逻辑图如图 4.13-9 所示。

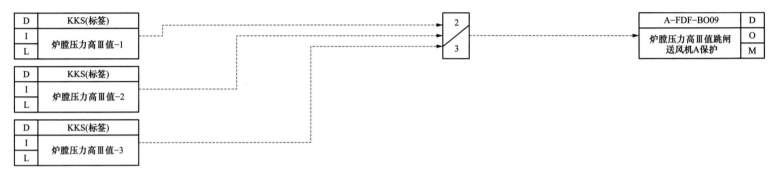

图 4.13-9　炉膛压力高Ⅲ值跳闸送风机 A 保护逻辑图

4.13.10 送风机 A 振动大保护

送风机 A 振动大保护逻辑图如图 4.13-10 所示。

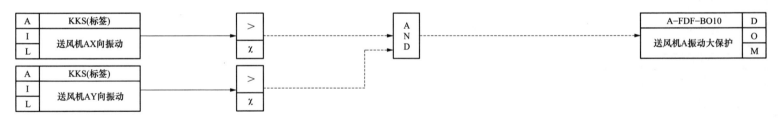

图 4.13-10　送风机 A 振动大保护逻辑图

4.13.11 送风机 A 跳闸保护汇总

送风机 A 跳闸保护汇总逻辑图如图 4.13-11 所示。

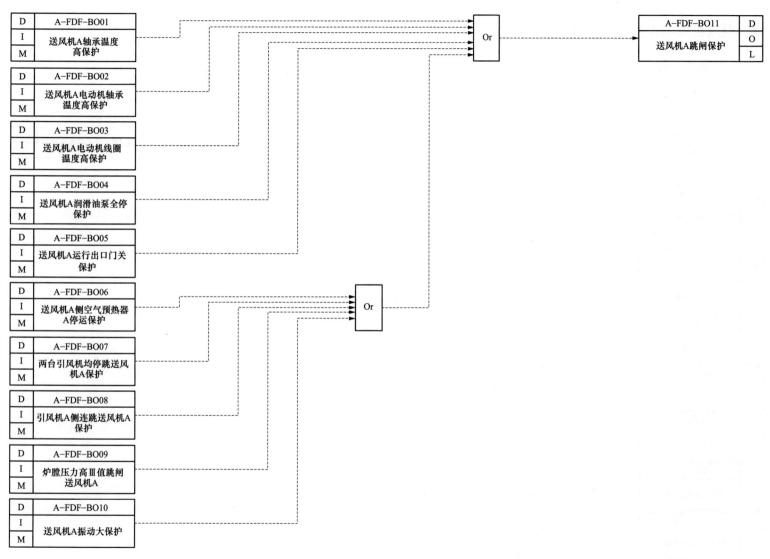

图 4.13-11　送风机 A 跳闸保护汇总逻辑图

4.14 引风机跳闸保护（以引风机 A 为例）

4.14.1 引风机 A 轴承温度高保护

引风机 A 轴承温度高保护逻辑图如图 4.14-1 所示。

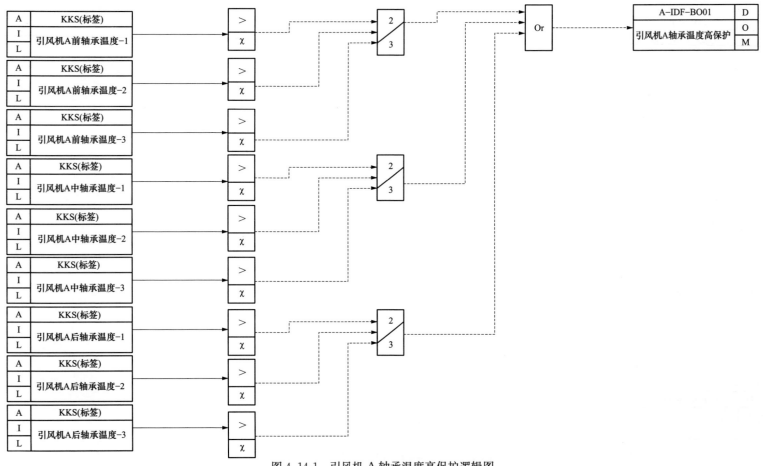

图 4.14-1 引风机 A 轴承温度高保护逻辑图

4.14.2 引风机 A 电动机轴承温度高保护

引风机 A 电动机轴承温度高保护逻辑图如图 4.14-2 所示。

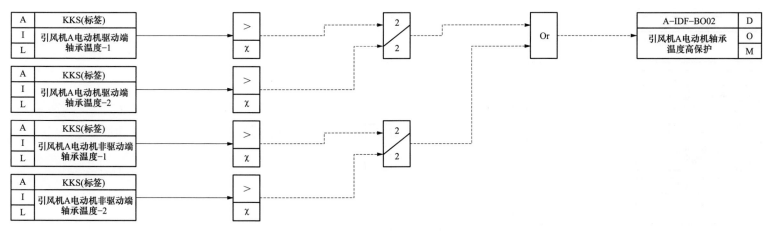

图 4.14-2 引风机 A 电动机轴承温度高保护逻辑图

4.14.3 引风机 A 电动机线圈温度高保护

引风机 A 电动机线圈温度高保护逻辑图如图 4.14-3 所示。

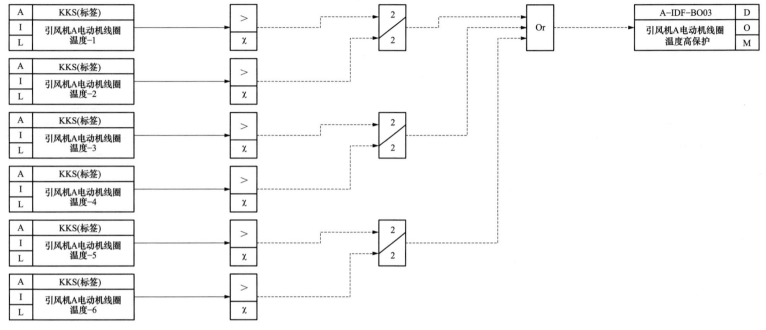

图 4.14-3　引风机 A 电动机线圈温度高保护逻辑图

4.14.4　引风机 A 润滑油泵全停保护

引风机 A 润滑油泵全停保护逻辑图如图 4.14-4 所示。

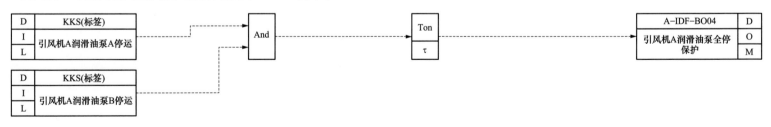

图 4.14-4　引风机 A 润滑油泵全停保护逻辑图

4.14.5　引风机 A 润滑油母管压力低 II 值保护

引风机 A 润滑油母管压力低 II 值保护逻辑图如图 4.14-5 所示。

图 4.14-5　引风机 A 润滑油母管压力低 II 值保护逻辑图

4.14.6　引风机 A 任一润滑油泵运行且控制油压力低保护

引风机 A 任一润滑油泵运行且控制油压力低保护逻辑图如图 4.14-6 所示。

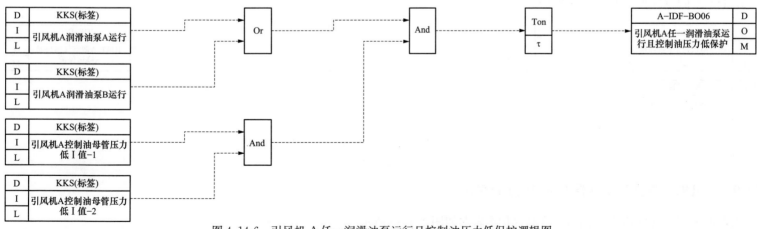

图 4.14-6　引风机 A 任一润滑油泵运行且控制油压力低保护逻辑图

4.14.7　引风机 A 运行且入口门关保护

引风机 A 运行且入口门关保护逻辑图如图 4.14-7 所示。

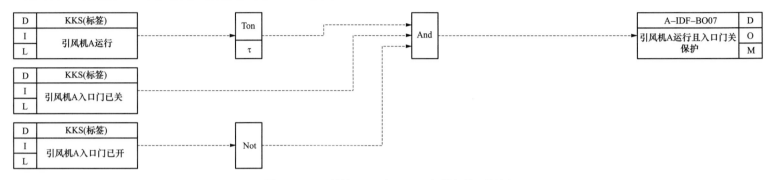

图 4.14-7　引风机 A 运行且入口门关保护逻辑图

4.14.8　引风机 A 侧空气预热器 A 停运保护

引风机 A 侧空气预热器 A 停运保护逻辑图如图 4.14-8 所示。

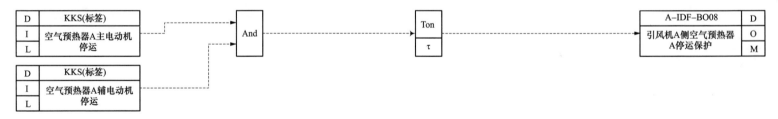

图 4.14-8　引风机 A 侧空气预热器 A 停运保护逻辑图

4.14.9　引风机 A 侧空气预热器 A 出口温度高保护

引风机 A 侧空气预热器 A 出口温度高保护逻辑图如图 4.14-9 所示。

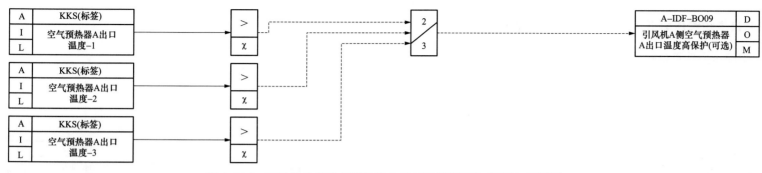

图 4.14-9　引风机 A 侧空气预热器 A 出口温度高保护（可选）逻辑图

4.14.10　送风机 A 侧连跳引风机 A 保护

送风机 A 侧连跳引风机 A 保护逻辑图如图 4.14-10 所示。

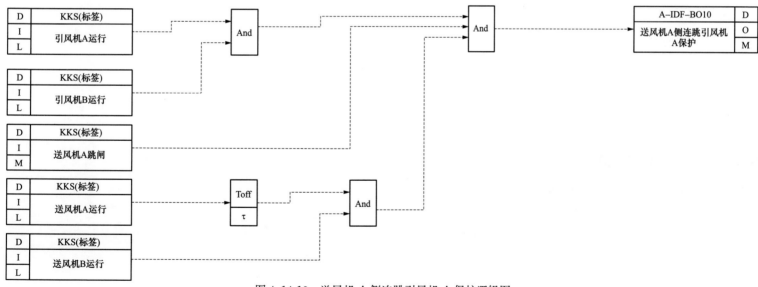

图 4.14-10　送风机 A 侧连跳引风机 A 保护逻辑图

4.14.11 炉膛压力低Ⅲ值跳闸引风机 A 保护

炉膛压力低Ⅲ值跳闸引风机 A 保护逻辑图如图 4.14-11 所示。

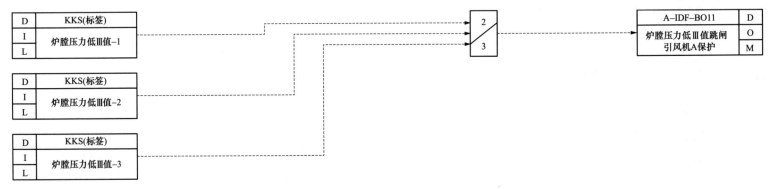

图 4.14-11 炉膛压力低Ⅲ值跳闸引风机 A 保护逻辑图

4.14.12 引风机 A 跳闸保护汇总

引风机 A 跳闸保护汇总逻辑图如图 4.14-12 所示。

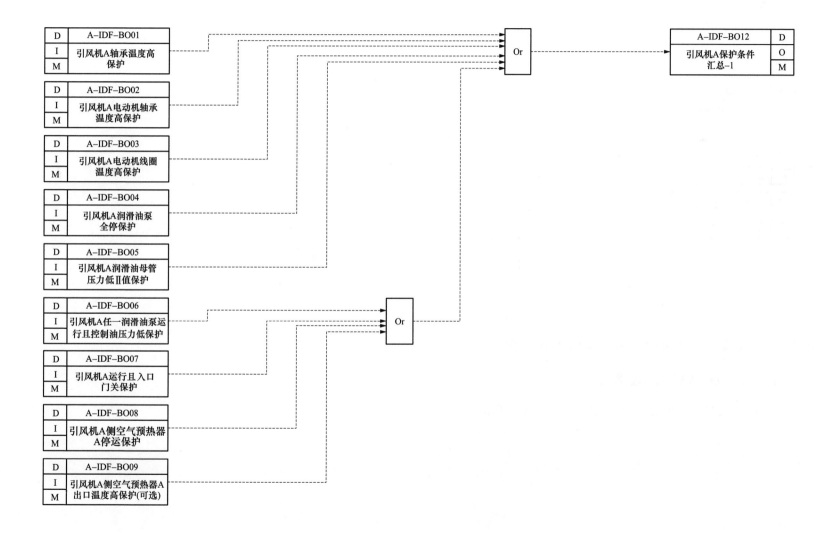

D	A–IDF–BO01
I	引风机A轴承温度高
M	保护

D	A–IDF–BO02
I	引风机A电动机轴承
M	温度高保护

D	A–IDF–BO03
I	引风机A电动机线圈
M	温度高保护

D	A–IDF–BO04
I	引风机A润滑油泵
M	全停保护

D	A–IDF–BO05
I	引风机A润滑油母管
M	压力低Ⅱ值保护

D	A–IDF–BO06
I	引风机A任一润滑油泵运
M	行且控制油压力低保护

D	A–IDF–BO07
I	引风机A运行且入口
M	门关保护

D	A–IDF–BO08
I	引风机A侧空气预热器
M	A停运保护

D	A–IDF–BO09
I	引风机A侧空气预热器A
M	出口温度高保护(可选)

Or

A–IDF–BO12	D
引风机A保护条件	O
汇总–1	M

Or

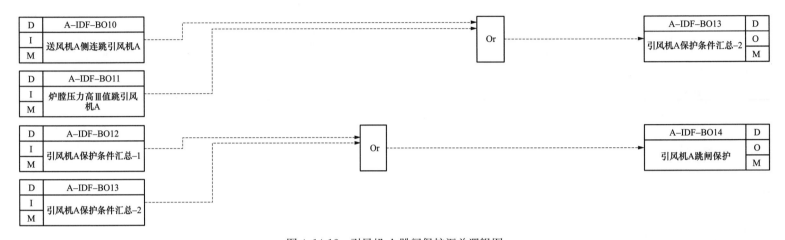

图 4.14-12 引风机 A 跳闸保护汇总逻辑图

4.15 一次风机跳闸保护（以一次风机 A 为例）

4.15.1 一次风机 A 轴承温度高保护

一次风机 A 轴承温度高保护逻辑图如图 4.15-1 所示。

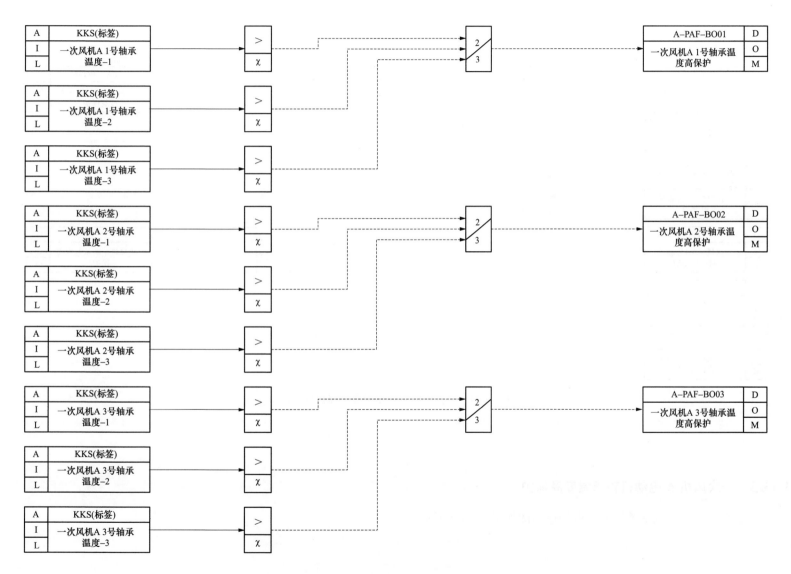

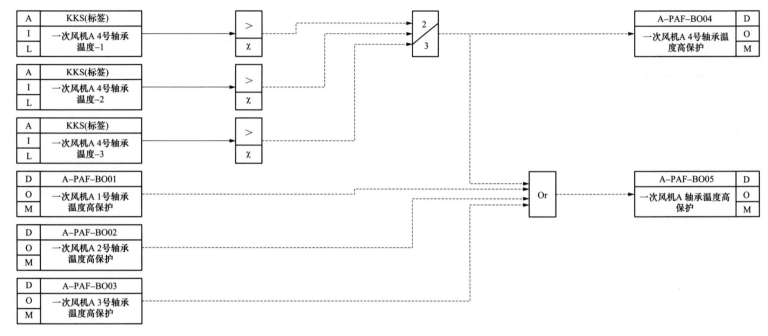

图 4.15-1　一次风机 A 轴承温度高保护逻辑图

4.15.2　一次风机 A 电动机轴承温度高保护

一次风机 A 电动机轴承温度高保护逻辑图如图 4.15-2 所示。

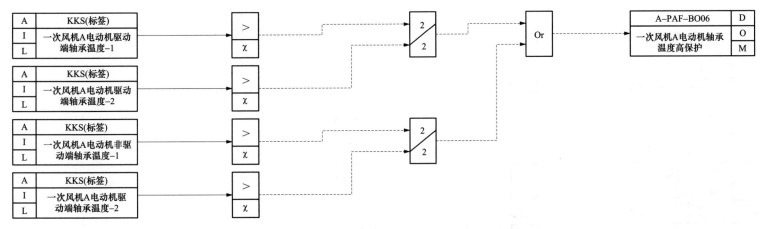

图 4.15-2　一次风机 A 电动机轴承温度高保护逻辑图

4.15.3　一次风机 A 电动机定子线圈温度高保护

一次风机 A 电动机定子线圈温度高保护逻辑图如图 4.15-3 所示。

4.15.4　一次风机 A 润滑油泵全停保护

一次风机 A 润滑油泵全停保护逻辑图如图 4.15-4 所示。

4.15.5　空气预热器 A 停运跳一次风机 A 保护

空气预热器 A 停运跳一次风机 A 保护逻辑图如图 4.15-5 所示。

4.15.6　密封风机均停跳一次风机 A 保护

密封风机均停跳一次风机 A 保护逻辑图如图 4.15-6 所示。

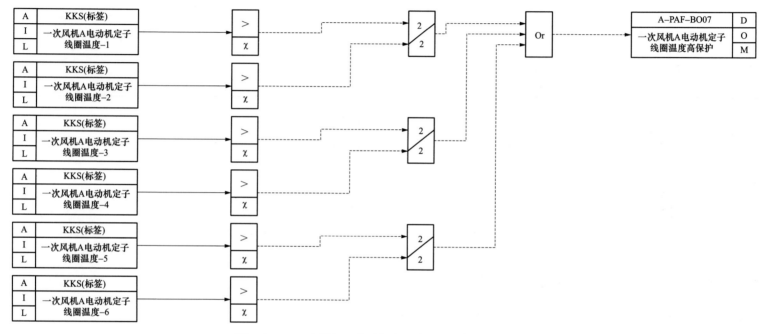

图 4.15-3　一次风机 A 电动机定子线圈温度高保护逻辑图

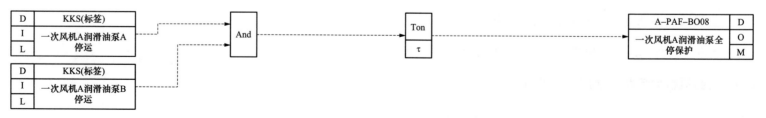

图 4.15-4　一次风机 A 润滑油泵全停保护逻辑图

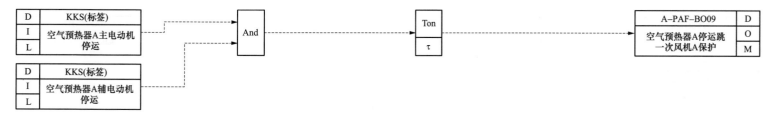

图 4.15-5　空气预热器 A 停运跳一次风机 A 保护逻辑图

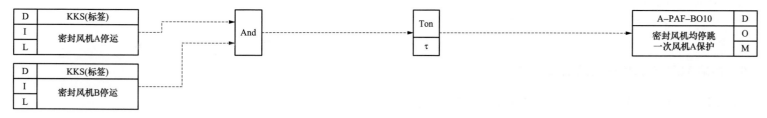

图 4.15-6　密封风机均停跳一次风机 A 保护逻辑图

4.15.7　一次风机 A 侧一次风通道关闭跳一次风机 A 保护

一次风机 A 侧一次风通道关闭跳一次风机 A 保护逻辑图如图 4.15-7 所示。

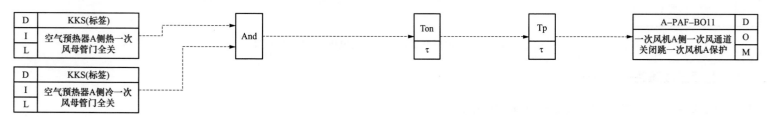

图 4.15-7　一次风机 A 侧一次风通道关闭跳一次风机 A 保护逻辑图

4.15.8　一次风机 A 运行出口门关保护

一次风机 A 运行出口门关保护逻辑图如图 4.15-8 所示。

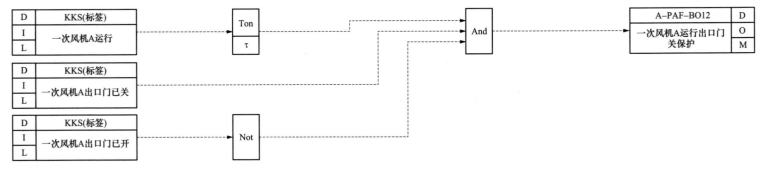

图 4.15-8　一次风机 A 运行出口门关保护逻辑图

4.15.9　锅炉 MFT 动作跳一次风机 A 保护

锅炉 MFT 动作跳一次风机 A 保护逻辑图如图 4.15-9 所示。

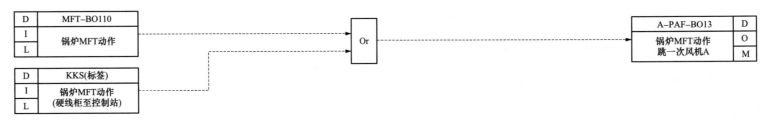

图 4.15-9　锅炉 MFT 动作跳一次风机 A 保护逻辑图

4.15.10　变频器故障跳一次风机 A

变频器故障跳一次风机 A 逻辑图如图 4.15-10 所示。

图 4.15-10　变频器故障跳一次风机 A 逻辑图

4.15.11 一次风机 A 跳闸保护汇总

一次风机 A 跳闸保护汇总逻辑图如图 4.15-11 所示。

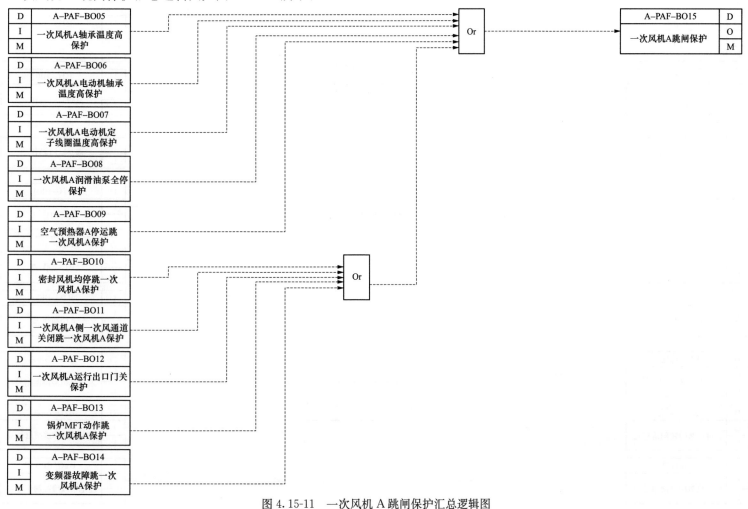

图 4.15-11 一次风机 A 跳闸保护汇总逻辑图

4.16 汽轮机-锅炉-发电机大联锁保护

汽轮机-锅炉-发电机大联锁保护逻辑图如图 4.16-1 所示。

D	MFT–BO111		锅炉 → 汽轮机		D	BTG–BI01
O	锅炉MFT动作–1				I	锅炉MFT动作–1
L					L	

D	MFT–BO112		D	BTG–BI02
O	锅炉MFT动作–2		I	锅炉MFT动作–2
L			L	

D	MFT–BO113		D	BTG–BI03
O	锅炉MFT动作–3		I	锅炉MFT动作–3
L			L	

D	ETS–BO127		汽轮机 → 锅炉		D	BTG–BI04
O	ETS动作–1				I	ETS动作–1
L					L	

D	ETS–BO128		D	BTG–BI05
O	ETS动作–2		I	ETS动作–2
L			L	

D	ETS–BO129		D	BTG–BI06
O	ETS动作–3		I	ETS动作–3
L			L	

D	KKS(标签)		发电机 → 汽轮机		D	BTG–BI07
O	发电机故障跳闸信号–1				I	发电机故障跳闸信号–1
L					L	

D	KKS(标签)		D	BTG–BI08
O	发电机故障跳闸信号–2		I	发电机故障跳闸信号–2
L			L	

D	KKS(标签)		D	BTG–BI09
O	发电机故障跳闸信号–3		I	发电机故障跳闸信号–3
L			L	

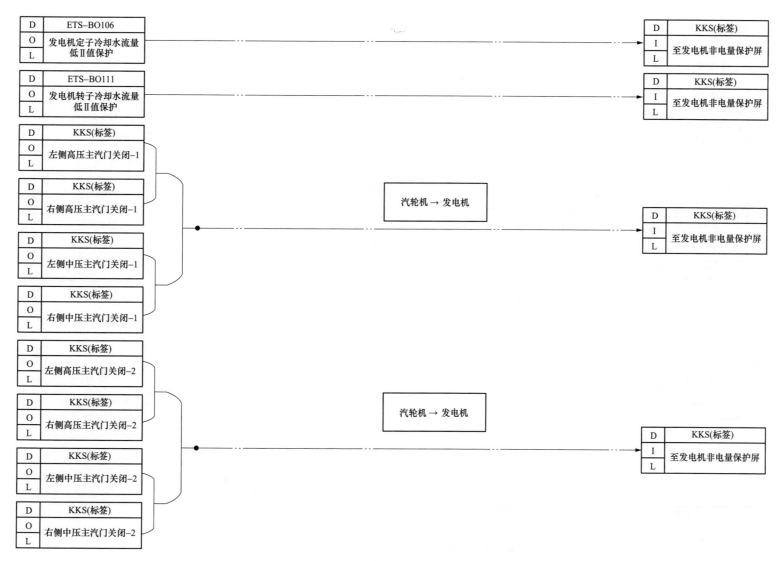

图 4.16-1 汽轮机-锅炉-发电机大联锁保护逻辑图

4.17 首出判断

4.17.1 首出判断基本型

首出判断基本型逻辑图如图 4.17-1 所示。

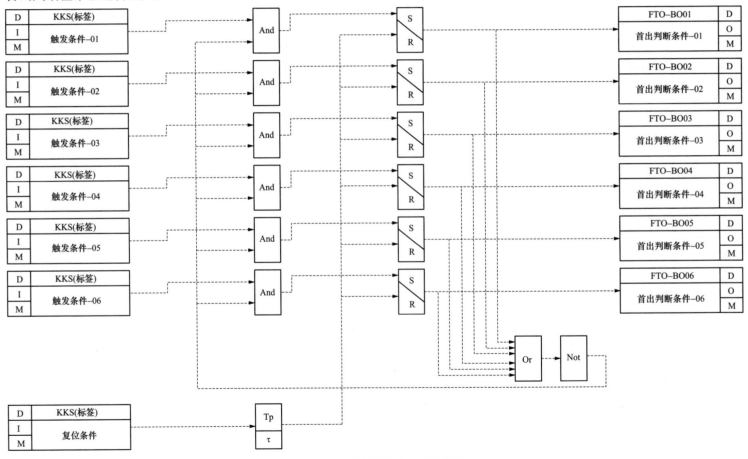

图 4.17-1 首出判断基本型逻辑图

4.17.2 首出判断扩展型—基础页

首出判断扩展型—基础页逻辑图如图 4.17-2 所示。

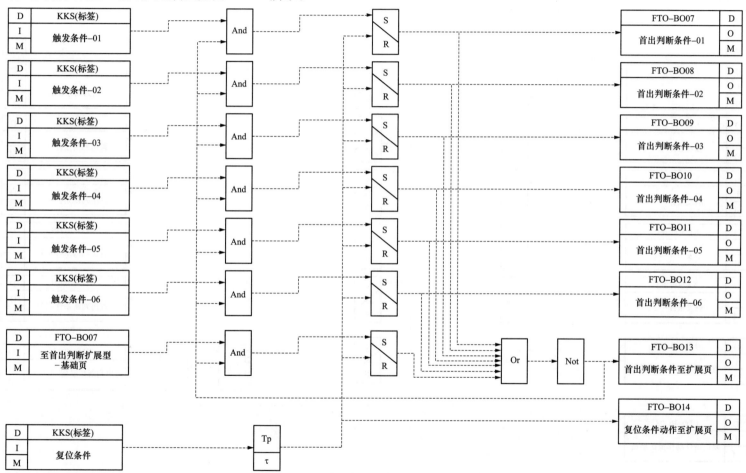

图 4.17-2 首出判断扩展型—基础页逻辑图

4.17.3 首出判断扩展型—扩展页

首出判断扩展型—扩展页逻辑图如图 4.17-3 所示。

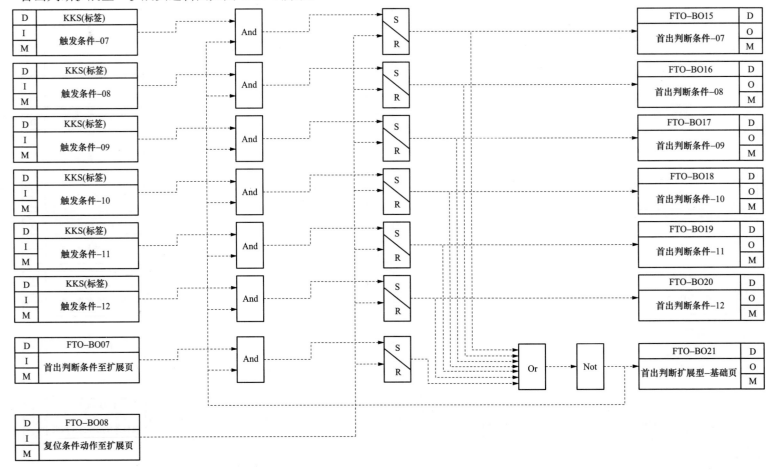

图 4.17-3 首出判断扩展型—扩展页逻辑图